Fünf-Sterne-Service

Horst Schulze stammt aus Winningen an der Mosel. Dass aus ihm einmal der Doyen der internationalen Luxushotellerie werden würde, ahnte niemand. In den 1980er Jahren wurde Schulze Vorstandsvorsitzender der Ritz-Carlton-Hotels und etablierte die berühmten Goldenen Regeln, die wegweisend für exzellenten Service weltweit werden sollten. *Dean Merrill* ist Autor und Koautor zahlreicher Bücher und lebt in Colorado.

Horst Schulze
Dean Merrill

FÜNF-STERNE-SERVICE

Werden Sie die Besten in einer Welt voller Kompromisse

Aus dem Englischen übersetzt von
Kirsten Reimers

Campus Verlag
Frankfurt/New York

Die Originalausgabe erschien 2019 bei Zondervan unter dem Titel
Excellence Wins – A No-Nonsense Guide to Becoming the Best in a World of Compromise.

Published by arrangement with The Zondervan Corporation L.L.C. a subsidiary of HarperCollins Christian Publishing, Inc.

ISBN 978-3-593-51228-0 Print
ISBN 978-3-593-44424-6 E-Book (PDF)
ISBN 978-3-593-44423-9 E-Book (EPUB)

Kontakt: Werderstr. 10, 69469 Weinheim, info@campus.de
Umschlaggestaltung: Guido Klütsch, Köln
Satz: Publikations Atelier, Dreieich
Gesetzt aus: Minion und Futura PT
Druck und Bindung: Beltz Grafische Betriebe GmbH, Bad Langensalza
Beltz Grafische Betriebe ist ein Unternehmen mit finanziellem Klimabeitrag (ID 15985-2104-1001)
Printed in Germany

www.campus.de

In Dankbarkeit meiner Familie
für ihre Geduld und ihre Unterstützung
während der vielen Jahre
meiner umfangreichen Reisetätigkeit.

INHALT

VORWORT VON KEN BLANCHARD

Als Horst Schulze mich bat, ein Vorwort für sein Buch *Fünf-Sterne-Service* zu schreiben, fühlte ich mich geehrt. Warum? Mehr als vierzig Jahre habe ich mit vielen Hundert Top-CEOs und Konzernpräsidenten rund um die Welt zusammengearbeitet, und Horst Schulze schaffte es mit Leichtigkeit in meine Top Five.

Mitzuerleben, wie Horst als Präsident und Geschäftsführer der Ritz-Carlton Hotel Company agierte, führte mir deutlich vor Augen, welchen Einfluss eine Führungspersönlichkeit auf eine Organisation haben kann. Horst verfolgte stets eine Philosophie des Sowohl-als-auch, was Ergebnisse wie Beziehungen anging – und er hat diese Überzeugung übertragen auf den Umgang mit den Mitarbeitern, denen er zu Diensten war, den Kunden, die sie bedienten, und der Organisation als Ganzes. Horst und ich stimmen darin überein, dass finanzieller Gewinn die Belohnung dafür ist, eine motivierende Umgebung für seine Leute zu schaffen, sodass diese sich gut um die Kunden kümmern.

Im Laufe seines Berufslebens formte Horst seine Führungsphilosophie in drei verschiedenen Hinsichten aus, mit denen ich zutiefst übereinstimme; in diesem Buch werden Sie über alle drei Aspekte etwas erfahren.

1. **Horst war immer ein Träumer und Visionär.** Noch als Kind in Deutschland teilte er seiner Familie mit, dass er in einem Hotel arbeiten wollte. Seine Verwandten versuchten immer wieder, ihn zu einem anderen Berufsweg zu drängen, aber er ließ sich nicht abbringen. Er folgte entschlossen seinem Traum. Als junger Mann prägte er beim Abschluss einer dreijährigen Ausbildung in einem Hotel den Satz: »Damen und Herren bedienen Damen und Herren«; dieser wurde das treibende Mantra nicht nur für ihn selbst, sondern für jeden, der je für ihn arbeitete. Ich werde niemals vergessen, wie ich Horst in seinem Büro im Ritz-Carlton in Atlanta besuchte. Mir wurde das Privileg zuteil, Zeuge eines der Stand-up-Meetings zu werden, die er mit der Belegschaft am Anfang jeder Woche abhielt, die er in der Stadt war. Er wollte sicherstellen, dass seine Mitarbeiter wussten, was aktuell anstand, ihnen die Möglichkeit geben, alle Bedenken vorzubringen, die sie hatten, und schließlich auch die Servicestandards des Hotels mit ihnen zu rekapitulieren. Hinsichtlich seiner Vision von Exzellenz war Horst immer überzeugt, dass Wiederholung und Bestärkung der beste Weg seien, um die mustergültigen Servicestandards aufrechtzuerhalten, die jedes Mitglied der Hotelbelegschaft verinnerlicht hatte.

2. **Für Horst waren die Mitarbeiter immer Geschäftspartner.** Sowohl innerhalb als auch außerhalb der Ritz-Carlton Hotel Company sorgte es für überraschtes Erstaunen, als Horst vor vielen Jahren jedem Mitarbeiter zugestand, bis zu 2000 US-Dollar auszugeben, um einen Gast glücklich zu machen. Er vertraute auf das Urteilsvermögen seiner Leute – und er liebte es, die Geschichten zusammenzutragen, die bewiesen, dass er damit richtig lag. Besonders gern mag ich die Geschichte einer Hausdame mit dem Namen Mary, die von Atlanta nach Hawaii flog, weil ein Gast seinen Laptop im Zimmer vergessen hatte. Er benötigte ihn am kommenden Nachmittag für einen wichtigen Vortrag auf einer internationalen Konferenz in Honolulu. Mary war sich nicht sicher, ob ein Expresskurier den Laptop rechtzeitig abliefern würde, deshalb übernahm sie das selbst. Nutzte sie dies für eine kleine Auszeit? Nein! Sie nahm den nächsten Flug zurück nach Atlanta. Was meinen Sie, was hat sie bei ihrer Rückkehr erwartet? Ein Belobigungsschreiben von Horst und High Fives von ihren Kollegen aus dem gesamten Hotel.
3. **Horst war immer eine klassisch dienende Führungskraft.** Ich lasse Sie seinen eigenen Worten lauschen, die aus dem sechsten Kapitel dieses Buches stammen:

   »Nur sehr wenige Leute kommen zur Arbeit, um negativ zu sein oder einen schlechten Job zu machen. Leute wollen zu einem Ziel beitragen. Wenn wir sie einladen, teilzuhaben, eine Position einzunehmen, die zu ihnen passt, dann blühen ihre Fähigkeiten auf. Wir haben sie nicht einfach aus dem Regal gegriffen, um mit ihnen

eine Lücke zu füllen (...). Im Gegenteil: Wir haben sie als menschliche Wesen kennen gelernt und sorgsam ihre persönlichen Interessen mit einem Set an Aufgaben abgestimmt, das sie mit Energie erfüllt. Die Konsequenz: Sie werden zu exzellenten Mitarbeitern für eine lange, lange Zeit, wovon nicht nur sie persönlich profitieren, sondern im gleichen Maße das Unternehmen.«

Ich bin sehr froh, dass Sie dieses Buch zur Hand genommen haben. Sie werden die Perlen der Weisheit lieben, die jede Seite füllen und die direkt Horst Schulzes Erfahrung entspringen – wunderbare Geschichten und Lektionen, die Sie auf Ihre Organisation übertragen können. Am Ende, da bin ich mir sicher, werden Sie verstehen, wie marktentscheidend das ist, was der Titel verspricht: *Fünf-Sterne-Service.*

Ken Blanchard ist der Mitbegründer und Chief Spiritual Officer der Ken Blanchard Companies sowie Koautor der Bücher *Der neue Minuten Manager*, *Wie man Kunden begeistert* und *Servant Leadership in Action.*

ZUNÄCHST

Bevor wir die wichtigsten Prinzipien dieses Buches erörtern, lassen Sie uns einen Moment darüber sprechen, wie wir die Menschen bezeichnen, denen wir zu Diensten sein möchten.

Wenn Sie allgemein in der Wirtschaft aktiv sind so wie ich, sprechen Sie ganz selbstverständlich von »Kunden« oder »Gästen«. So werde ich es in den kommenden Kapiteln halten.

Wenn Sie als Beraterin, Betreuer oder Anwältin tätig sind, nennen Sie sie vermutlich »Klienten«.

Wenn Sie für eine Behörde arbeiten, sagen Sie wohl »Bürger« oder »Steuerzahlerin«.

Wenn Sie im Non-Profit-Bereich tätig sein (für Kirchen, Missionen, Vereine, Interessengruppen und Ähnliches), sprechen Sie von »Mitgliedern«, »Spendern« oder »Teilnehmern«.

Als Erzieher wenden Sie sich an »Kinder« (und »Eltern«).

Wenn Sie Ärztin oder Krankenpfleger sind, in der Krankenhausverwaltung oder einem anderen Bereich der Gesundheitsfürsorge arbeiten, ist der Begriff Ihrer Wahl vermutlich »Patient«.

Aber in Wirklichkeit gleichen sich alle Menschen, denen Sie zu Diensten sind. Es sind Menschen, die möchten, dass wir uns um ihre Bedürfnisse kümmern – und wir wissen, dass wir das tun müssen, um in der heutigen bewegten, vernetzten Welt überlebensfähig zu sein. Die Bezeichnung ist unwichtig. Entscheidend sind die Wünsche und Gefühle, die Werte und die Interessen der betreffenden Personen.

Übertragen Sie darum das, was Sie hier lesen, auf Ihr spezielles Umfeld in einer Weise, die zu Ihren spezifischen Herausforderungen passt.

Lassen Sie uns anfangen.

PROLOG

EIN JUNGE MIT EINEM TRAUM

Ich war von der Schule noch nicht wieder zu Hause, als meine Mutter schon erfuhr, was ich Ungeheuerliches im Klassenzimmer gesagt hatte. Während ich noch mit meinen Freunden Fußball spielte, war bereits eine neugierige Nachbarin herbeigeeilt, um ihr davon zu berichten.

»Haben Sie gehört, was Ihr Sohn heute in der Schule gesagt hat?«, fragte sie atemlos. »Er hat gesagt, wenn er erwachsen ist, will er in einem Hotel arbeiten!«

In unserem Dorf in Süddeutschland wollte jede anständige Familie, dass ihr Sohn einen von zwei Arbeitswegen anstrebte: einen technischen Beruf (zum Beispiel als Ingenieur oder als Architekt) in einer großen Stadt wie München oder Stuttgart, oder ein Auskommen als Winzer in der Heimatstadt, die von Weinbergen umgeben war. Wenn beides nicht klappte, konnte man immer noch Zimmermann oder Maurer werden.

Zu sagen, man wolle in einem Hotel arbeiten, war wie der Wunsch, Straßenfeger zu werden oder bei der Müllabfuhr zu arbeiten.

Woher hatte ich im Alter von elf Jahren diese verrückte Idee? In unserem Dörfchen gab es kein Hotel, nicht einmal ein richtiges Restaurant. Bis heute kann ich mich nicht an den Ursprung meines Wunsches erinnern; ich muss davon in einem Buch gelesen haben.

Aber ich ließ mich nicht davon abbringen. Einmal kam mein Onkel aus der Stadt, ein angesehener Bankier, zu uns zu Besuch und fragte mich, was ich vorhatte. Wollte ich auf das Gymnasium im nahen Koblenz gehen? Ich erzählte ihm von meinem Traum, im Vertrauen darauf, dass er mich verstehen würde.

»Was? Willst du einer von diesen liederlichen Kerlen werden, die Bier am Bahnhof zapfen?«, höhnte er; er meinte damit die kleinen Kneipen in Bahnhöfen, in denen Passagiere etwas trinken, während sie auf den Zug warten. Er war peinlich berührt wie der Rest der Familie.

Diese Pattsituation bestand drei Jahre lang weiter, bis ich vierzehn wurde – in jenen Tagen eine Weggabelung für europäische Schüler. Entweder entschied man sich für eine akademische Laufbahn oder für eine Lehre. Meine Eltern setzten sich eines Tages mit mir zusammen und sagten: »Nun gut, Horst, erzähl uns, was du vorhast.«

»Ich möchte in einem Hotel arbeiten. Ich möchte in der Küche arbeiten, im Speisesaal. Ich möchte das mein ganzes Leben lang machen.«

Sie sahen einander an und begriffen, dass ich nicht nachgeben würde. Mit einem Aufseufzen beschlossen sie, mir zu helfen. Sie gingen zum Arbeitsamt, um in Erfahrung zu bringen, was nun zu tun sei. So erfuhren sie von einem sechsmonatigen Kurs in einer Hotelfachschule rund 130 Kilometer von unserem Dorf entfernt. Sie meldeten mich widerstrebend an und verabschiedeten sich tränenreich von ihrem Sohn.

Von der Pieke auf

Es war ein intensiver Lehrgang, und ich hatte großes Heimweh. Aber nachdem ich den Kurs durchlaufen hatte, fand die Schule eine Lehrstelle für mich in einem guten Hotel und Spa (wie man es heute nennen würde) in Bad

Neuenahr-Ahrweiler. Direkt nebenan war eine Klinik, in der die Gäste von Ärzten behandelt wurden. Das Hotel hieß »Kurhaus«.

Einige wohlhabende Gäste besuchten das Kurhaus nicht aus medizinischen Gründen; sie kamen wegen der Konzerte, die nachmittags und abends im großen Garten gegeben wurden oder wegen des Casinos.

Ich erinnere mich noch an die Predigt, die meine Mutter mir im Zug hielt. »Mein Sohn«, erklärte sie streng, »dieses Hotel ist für einflussreiche Damen und Herren. Wir können dort niemals absteigen.« (Mein Vater, der am Zweiten Weltkrieg teilgenommen hatte, arbeitete bei der Post.) »Du musst dich entsprechend verhalten. Dusche dich! Trage immer saubere Socken! Tanz nicht aus der Reihe!«

Wir stiegen aus dem Zug und schleppten meinen Koffer die ganze Strecke zum Hotel – ein Taxi zu nehmen, stand vollkommen außer Frage. Wir sprachen bei dem Geschäftsführer vor, einem gebildeten Mann mit Doktortitel, der uns eine kurze Einführung gab. Er vertiefte die Ermahnung meiner Mutter: »Junger Mann, dies ist ein Ort für einflussreiche Menschen. Sie kommen aus der ganzen Welt zu uns. Sie gehören zur Oberschicht, die sich wirklich mit Service auskennt. Hüte dich, eifersüchtig oder neidisch zu werden. Du bist hier, um sie zu bedienen.« Ich nickte pflichtbewusst.

Nachdem ich meiner Mutter einen Abschiedskuss gegeben hatte, bezog ich meinen Schlafraum, den ich mit drei anderen Jungen teilte. Die Toilette und die Dusche waren am anderen Ende des Flurs. Am nächsten Tag stürzte ich mich in das geschäftige Leben einer Hotelhilfskraft. Nun ja, genauer gesagt, war meine einzige Aufgabe das Reinigen der Aschenbecher. »Sei vorsichtig«, wurde ich ermahnt. »Stör nicht die Gäste beim Essen.«

Bald danach wurde ich mit dem Geschirrspülen beauftragt. Die Arbeitstage waren lang – von sieben Uhr morgens bis elf Uhr nachts. Wir deckten den Speisesaal ein für jede Mahlzeit – und zwar nicht nur die Tische, sondern legten auch jegliches Besteck und Zubehör bereit, das die Kellner womöglich benötigten. Wir reinigten die Böden. Manchmal mussten wir am Ende eines anstrengenden Tages noch die Schuhe der Gäste polieren, die jene vor die Zimmertüren gestellt hatten. Es kam mir vor, als täten wir alles.

Nach und nach wurde es mir erlaubt, die Essensbestellungen von den Kellern an das Küchenpersonal zu übermitteln und anschließend die Speisen aus der Küche zu den Kellnern zu tragen, die diese dann servierten. Danach durfte ich dann selbst am Beistelltisch Speisen auf die Teller vorlegen. Musste Fleisch aufgeschnitten werden, kam der Maîtr d' und übernahm diese Aufgabe.

So sah mein Alltag aus, ausgenommen mittwochs: An diesem Tag wurden wir jungen Leute mit dem Bus zur Hotelfachschule in einer nahegelegenen Stadt gefahren. Wir kamen am späten Nachmittag zurück, wechselten die Kleidung und traten sofort unseren Dienst im Speisesaal an.

Es war eine harte Arbeit, aber ich habe meine Entscheidung nie bereut. Ich fand Ermutigung in den Briefen meiner Mutter, die sie mir jeden Tag schrieb. Sie berichtete, was im Dorf vor sich ging, welches Gemüse sie im Garten geerntet hatte, und stets fügte sie hinzu: »Wir lieben dich sehr. Wir denken immer an dich. Wir können es kaum erwarten, dass du wieder für einen Besuch nach Hause kommst.« Manchmal schickte sie mir sogar Traubenzucker, da sie überzeugt war, dass dieser mir mehr Energie für die Arbeit geben würde.

Exzellenz in Person

Der Maître d', Karl Zeitler, beeindruckte mich sehr. Obwohl er Anfang siebzig war, hatte er stets eine stattliche Haltung, wenn er von Tisch zu Tisch ging und sich mit den Gästen unterhielt. An einem Tisch sprach er Deutsch, am nächsten Englisch, am übernächsten Französisch. Seine Präsenz füllte den Raum.

Mir fiel auf, dass die Gäste regelrecht stolz zu sein schienen, wenn er zu ihnen an den Tisch kam. Sie blickten auf, um ihn in ein Gespräch zu ziehen. Für uns junge Angestellte war er natürlich die wichtigste Person im Raum, und offenbar sahen es die Gäste ähnlich. *Was für eine Umkehrung!*, dachte ich. *Die Situation wird auf den Kopf gestellt.*

Herr Zeitler war für uns junge Leute ein großartiger Lehrer. Vor den Mahlzeiten erläuterte er das Menü, erklärte, was neu war, und lehrte uns, wie wir dies den Gästen beschreiben sollten. Die Geheimnisse der Branche schienen in seinen Augen zu funkeln.

Wenn nicht so viel los war, erzählte er uns von den großen Hotels, in denen er während seiner langen Karriere gearbeitet hatte – in London, in der Tschechoslowakei. Er hatte vor vielen Jahren in Berlin als Lehrling angefangen.

Er berichtete auch von einem Freund, der auf einem Schiff arbeitete, das den Atlantik überquerte. Das klang faszinierend. Wenn ich für ein Wochenende nach Hause fuhr – ungefähr alle drei Monate –, hatte ich viele Geschichten zu erzählen.

Aber Herr Zeitler hat uns nicht nur inspiriert; er hat auch hohe Maßstäbe angelegt. Ich bin ein paar Mal mit ihm aneinandergeraten. Einmal hat er mich dabei erwischt, wie ich mir einen übrig gebliebenen Schluck Wein gönnte, daraufhin trat er mich in den Hintern! Ich habe das nie wieder getan!

Ein anderes Mal gab es ein Bankett, und das Entrée bestand aus einem Rinderfilet und einem Kalbsfilet, beides nebeneinander auf dem Teller angerichtet. Als ich dies einem Gast servieren wollte, sagte dieser: »Kein Rind, nur das Kalb.« Ich kehrte in die Küche zurück, blickte ich mich unterwegs um, ob mich auch niemand beobachtete und ließ dann schnell das Rinderfilet in die rückwärtige Tasche meiner Hose gleiten, die unter den Schößen meines Fracks verborgen war.

Zu meinem Pech hatte der Maître d' das mitbekommen. Er jagte hinter mir her und goss mir heiße Soße in die Tasche. Dann schimpfte er mich kräftig aus.

Der Aufsatz

An einem Mittwoch gegen Ende der dreijährigen Lehre wurden wir Lehrlinge angewiesen, in einen Essay zu beschreiben, was wir über unsere Arbeit dachten und was wir gelernt hatten. Ich wusste nicht, was ich sagen sollte. Ich saß an diesem Abend in meinem kleinen Raum und grübelte.

Ich beschloss, über Herrn Zeitler zu schreiben. Ich schilderte, was für ein außergewöhnlicher Mensch er war. Ich beschrieb seine makellose Kleidung, sein elegantes Auftreten, sein aufrichtiges Interesse an jedem einzelnen Gast. Mir wurde klar, dass er sich selbst als echter Gentleman verstand.

Gegen Ende des Aufsatzes schuf ich den Ausdruck »Damen und Herren bedienen Damen und Herren«. Wie der Maître d' können wir Damen und Herren, Ladies und Gentlemen sein bei unserer Arbeit. Wir sind nicht einfach Bedienstete im Schatten der Servicebranche. Wir können uns zu einem bewussteren Selbst aufschwingen, wenn wir es wollen.

Ich bekam eine Eins für meinen Aufsatz (die einzige Eins, die ich je erhielt!). Der Schulleiter und mein Lehrer riefen sogar die anderen Fakultätsmitglieder zusammen, damit ich ihnen dies vorlas. In diesem Moment dachte ich an meinen Onkel und die anderen, die entsetzt gewesen waren, dass ich in diesem Bereich hatte arbeiten wollen. Ich sagte zu mir selbst: *Ich hatte recht. Ich kann stolz auf mich sein. Ich kann von anderen respektiert werden, und ich kann mich selbst respektieren. Ich kann ein Gentleman, ein Herr sein.*

Ein Motto fürs Leben

Kurz vor meinem achtzehnten Geburtstag arbeitete ich während der Wintersaison im bayerischen Skiort Garmisch-Partenkirchen. Danach ging ich in die Schweiz ins Bellevue Palace Bern (dem offiziellen Gästehaus der Schweizer Regierung) und danach ins Beau-Rivage Palace in Lausanne. Es schloss sich das Plaza Athénée in Paris an, gefolgt vom Londoner Savoy – alles Fünf-Sterne-Hotels. Irgendwann heuerte ich auf einem Schiff der Holland-America Line an, das mich nach New York brachte – zu meinem ersten Besuch dort. Damals dauerte es drei Tage, um das Schiff für die nächste Reise vorzubereiten, was bedeutete, dass wir Zeit hatten, die Stadt zu erkunden unter Zuhilfenahme unserer Seemannspässe.

Währen viele meiner Freunde ins Taxi sprangen, um das Empire State Building, den Madison Square Garden oder die Freiheitsstatue anzusehen, war der erste Punkt meiner Liste das berühmte Waldorf-Astoria. Ich hatte schon lange davon geträumt, dieses Grand Hotel zu sehen. Und nun stand ich da und blickte hinauf zu der großen Uhr in der wunderschönen Lobby. Ich hatte Gänsehaut vor Aufregung.

Würde ich je Manager eines solch prächtigen Hotels werden? Das ließ sich nicht vorhersehen. Aber ich wusste, sollte sich je die Chance ergeben, würde ich dafür sorgen, es zu einem Ort zu machen, an dem eine Belegschaft aus Damen und Herren würdevoll Damen und Herren bedient. Würde mein Traum Realität werden, wäre dies nicht nur zum Vorteil der Gäste, sondern ebenso ein Gewinn für jeden, der sie bediente, vom jüngsten Zimmermädchen bis zur obersten Vorgesetzten. Zusammen würden wir Exzellenz erreichen.

In diesem Buch werde ich darlegen, wie mein Motto in die Praxis übertragen wurde.

TEIL I

IHRE KUNDEN ZUFRIEDENSTELLEN

KAPITEL 1

WISSEN, WAS IHRE KUNDEN WOLLEN

Manchmal scheint es völlig offensichtlich zu sein, was Kunden wollen. Wenn Sie Hot Dogs im Baseballstadion verkaufen, dann geht es den Fans ganz klar um Hot Dogs, und zwar zu einem möglichst günstigen Preis. Wenn Sie eine Schule leiten, wollen Eltern, dass ihre Kinder etwas lernen, während sie möglichst geringe Gebühren und Steuern dafür zahlen. Wenn Sie in einem Krankenhaus arbeiten, wollen die Patienten genesen und möglichst schnell zurück nach Hause, während Sie sich um den Papierkram für die Versicherung kümmern.

Ja, was der Kunde will, scheint allgemein bekannt zu sein. Es fällt leicht, eine schnelle Antwort zu finden. Aber die Antwort kratzt gerade mal die Oberfläche dessen, was Ihr Publikum tatsächlich will. Wenn Sie nicht tiefer graben, übersehen Sie wichtige Signale. Und wenn Sie es tun, stoßen Sie womöglich auf etwas, das dem widerspricht, was der Markt verlangt.

Irreführende Einzelmeinungen

Einige Ihrer Annahmen können das Verstehen einschränken und sogar regelrecht gefährlich sein. Haben Sie sich je ertappt, wie Sie eines der folgenden Dinge gesagt haben?

- »Ich weiß bereits …«
- »Mein Mann/meine Frau hat neulich gesagt …«
- »Ich habe mit meinem Nachbarn [Freund, Bekannten im Fitnessstudio oder sonst jemandem] gesprochen, und der/die sagte …«

All diese Aussagen sind nicht mehr als Einzelmeinungen. Sie drücken aus, was ein einzelner Mensch denkt – einer von den vielen Tausend, die Sie erreichen möchten. Jeder Statistiker wird Ihnen sagen, dass die Basis viel zu klein ist, um verlässliche Aussagen zu treffen.

Fokusgruppen zusammenzustellen – acht oder zehn Leute, die sich an einem Konferenztisch versammeln und ihre Meinung sagen – kann etwas hilfreicher sein, aber nur wenn eine gründliche Analyse folgt. Zum einen ist das Setting äußerst konstruiert, an einem Konferenztisch zu sitzen, ist keine alltägliche Situation. Wenn die Probanden noch Geld dafür erhalten, kann das ihre Äußerungen noch mehr beeinflussen. Und außerdem ist – wiederum – die Stichprobe äußerst klein.

Die Datenbasis vergrößern

Was können Sie also als Chefin eines Unternehmens tun, um Input von einer Gruppe von Individuen erhalten, die groß genug ist, damit die Information Gewicht hat?

Möchte man kein Vermögen ausgeben, kann man zum Beispiel laufend Befragungen zur Kunden- beziehungsweise Mitgliederzufriedenheit durchführen. Viel zu viele Chefs neigen dazu, zu »reden, reden, reden« (»anpreisen, anpreisen, anpreisen« oder »predigen, predigen, predigen«), ohne ihrem Zielpublikum die Möglichkeit zu geben, ihnen zu antworten. Was denkt es wirklich über Ihr Produkt oder Ihren Service? Was mögen Ihre Kunden? Was stört sie? Was könnte ihrer Meinung nach besser laufen?

Und vielleicht der beste Maßstab überhaupt: Würden sie Sie ihren Freunden empfehlen?

Dieses Feedback können Sie auf unterschiedliche Weise erheben: durch Gästefragebögen auf dem Zimmer, nachträgliche Telefonbefragungen oder Online-Fragebögen.

Zugegeben, Puristen könnten einwenden, dass dies unter wissenschaftlichen Gesichtspunkten keine richtige Stichprobenerhebung ist, weil die Kunden frei wählen können, ob sie teilnehmen wollen oder nicht. Und natürlich werden großmäulige Meckerfritzen diese Chance immer nutzen. Aus diesem Grund müssen Sie vorsichtig sein und eher auf die *Trends* achten, die sich über einen gewissen Zeitraum abzeichnen, als auf einzelne Nörgler (denn erneut: das sind Einzelmeinungen).

Wenn Sie die Menge an reinen Daten zu überwältigend finden, können Sie eine Firma engagieren, um diese zu analysieren. Diese siebt und sortiert, kategorisiert und summiert, sodass Sie am Ende nur die nutzbaren Informationen erhalten. Ja, das kostet ein bisschen was, aber Ihnen winkt ein großer Schatz an Erkenntnissen. Oder wenden Sie sich an eine größere Firma, die spezialisiert ist auf die Durchführung von Erhebungen und die Auswertung von Daten zur Kundenzufriedenheit vom Anfang bis zum Ende. Ich finde übrigens, dass J. D. Power das beste Unternehmen dafür ist, in den USA wie auch in anderen Staaten haben wir es wiederholt engagiert. Aber natürlich gibt es weitere Firmen, die es ebenfalls wert sind, in Betracht gezogen zu werden. Solche Unternehmen analysieren die *Trends für Unzufriedenheit* ebenso wie die *Nachfrageentwicklung*, zum Beispiel: »Würden Sie Ihren

Service um X oder Y ergänzen, wäre Ihr Publikum viel zufriedener.«

Um es noch einmal zu wiederholen: Sie müssen nicht auf einige wenige Axtschwinger reagieren. Hören Sie stattdessen lieber auf den Markt, um wertvolle Informationen zu erhalten.

Dieser Prozess ist deutlich wichtiger, als uns selbst einfach nur mit unseren Wettbewerbern zu vergleichen. Eine Weile lang war *Benchmarking* ein wichtiges Schlagwort in der Wirtschaft – mit anderen Worten: Es ging darum zu sehen, wo man selbst steht im Vergleich zu den Konkurrenten innerhalb einer bestimmten Branche oder einem Marktsegment. Aber das trifft nicht den Kern. Und es ist auch nicht unbedingt nützlich; denn wie ich ganz offen einem Fast-Food-Manager erklärte, der mich fragte, was ich von seinem Unternehmen hielte: »Sie sind die Besten innerhalb eines ziemlich üblen Haufens.«

Eine bessere Form des Benchmarkings ist, zu messen, wie Sie im Vergleich zu vor drei Jahren dastehen. Geht es aufwärts? Ist der Anteil an Kunden gewachsen, die zufrieden sind mit Ihrem Service?

Den Dingen auf den Grund gehen

Manchmal wird das Feedback, das Sie erhalten, eher unklar sein, sodass Sie nicht sicher sein können, was es aussagt. Kunden sind nicht immer in der Lage, zu artikulieren, was sie tatsächlich fühlen. Ich erinnere mich an eine Reihe von Fokusgruppen, in denen die Leute mit Blick auf

Hotelaufenthalte immer wieder sagten: »Ich möchte mich zu Hause fühlen.«

Damit verbindet man ein warmes kuscheliges Gefühl. Aber was bedeutet es? Was teilt es mir mit? Schließlich kann ich nicht jedes einzelne Zimmer so einrichten und dekorieren, dass es wie das Zuhause des eintreffenden Gastes aussieht.

Ich engagierte eine weitere Firma, damit diese sich aufmerksam die Aufzeichnungen der Sitzungen anhörte und versuchte, herauszuhören, was tatsächlich gemeint war. Die Berater kamen zu diesem Schluss: *Die Kunden möchten etwas fühlen, das ihrer vorbewussten Erinnerung entspringt – etwas, das sie früher in ihrem Elternhaus empfanden.*

Und was war das? Das Haus ihrer Kindheit war jener Ort, an dem alles für sie getan wurde. Jedes ihrer Bedürfnisse wurde erfüllt. Die Glühbirnen wurden ausgetauscht und das Gras wurde gemäht, ohne dass sie auch nur einen Gedanken darauf verwenden mussten, wie diese Arbeiten erledigt wurden. Sie mussten sich um nichts kümmern.

Wenn etwas nicht stimmte, konnten sie sich sofort an ihre Mutter wenden. »Mama! Mama! Das ist wirklich blöd – da sind keine sauberen Socken mehr in der Schublade.«

Und was tat ihre Mutter? Sie sagte: »Komm her, mein Liebling« und nahm sie tröstend in den Arm. Sie wusste genau, wie das Problem zu lösen war. Was sie *nicht* sagte, war: »Ich sage dem Manager Bescheid.«

Aber genau das geschieht jeden Tag in der Geschäftswelt.

Ich begriff, dass Hotelgäste sich – unbewusst – vollkommen sicher sein wollen, dass alles unter Kontrolle ist und dass jedes Problem sofort gelöst wird. Sie möchten nicht drei Stunden warten. Sie möchten ihre Gefühle bei der Person abladen, die vor ihnen steht. Sie möchten, dass jemand – irgendjemand – sich darum kümmert. Wenn dies geschieht, fühlen sie sich respektiert und sogar geehrt.

Aufgrund dieser Erkenntnisse gab ich einen neuen Grundsatz bekannt: Jeder Mitarbeiter, von der Geschäftsführerin bis zur unerfahrensten Hilfskraft, ist bevollmächtigt, bis zu 2000 US-Dollar auszugeben, um sicherzustellen, dass der Gast glücklich ist.

Stellen Sie sich vor, ein Gast kommt ins Restaurant und hört die Restaurantchefin munter sagen: »Guten Morgen! Wie war Ihre Nacht?«

»Nicht so besonders«, antwortet der Gast mit gerunzelter Stirn. »Die Toilette lief die ganze Zeit, und ich konnte das nicht abstellen.«

Die Restaurantchefin antwortet sofort: »Das tut mir leid! Bitte entschuldigen Sie das! Ich kümmere mich sofort darum. Und wir spendieren Ihnen das Frühstück, um es wiedergutzumachen.« Sobald sie den Gast platziert hat, eilt sie zum Telefon und besteht darauf, dass das Wartungspersonal die Toilette repariert, noch bevor der Gast zurück in seinem Zimmer ist.

Als ich diese Richtlinie verkündete, fielen meine Kollegen fast in Ohnmacht. Die Besitzer des Hotels überlegten, mich zu verklagen. Ich erklärte ihnen: »Der durchschnittliche Geschäftsreisende gibt im Laufe seines Lebens mehr als 100 000 US-Dollar für Übernachtungen aus. Ich bin mehr als gewillt, 2 000 US-Dollar zu riskieren, damit die Gäste immer wiederkehren in unsere Hotels.«

Der Wunsch dahinter war nicht, Geld zu vergeuden. Diese Entscheidung basierte auf dem Wissen, was Kunden wirklich wollen. Ich beschloss, dass wir Himmel und Erde in Bewegung setzen, um diese Erwartung zu erfüllen.

Datengestütztes Wissen über Ihre Kunden ist absolut essenziell. Ohne dies können Sie innerhalb des Marktes nicht so agieren, dass Sie Ihren Wettbewerbern überlegen sind.

Drei Grundsätze

Vielleicht denken Sie jetzt: »Ich bin aber nicht im Hotelgewerbe. Mein Bereich ist anders.«

Ganz egal, in welchem Feld Sie tätig sind, ich garantiere Ihnen (nach der Analyse von Tausenden von Kundenbewertungen), dass die Leute, denen Sie Ihren Service anbieten, grundsätzlich drei Dinge wollen.

Erstens: Sie wollen ein Produkt, eine Dienstleistung oder eine andere Leistung ohne Mängel. Stellen Sie sich vor, Sie verkaufen Ihrem Kunden eine Flasche Wasser. Dieser will Wasser, das absolut rein ist, ohne jegliche Schwebeteilchen. Er will außerdem, dass die Flasche auslaufsicher ist. Er will sicher sein, dass er dem erworbenen Produkt zu 100 Prozent vertrauen kann.

Wenn ich hier von Mängeln spreche, meine ich nicht nur *physische* Schäden, also beispielsweise eine klemmende Tür oder eine rauschende Toilette. Ich verstehe darunter ebenso Fehler im Prozess oder im System – jene Probleme, die dazu führen, dass Kunden sagen: »He, ich habe nie eine Rechnung erhalten« oder »Wo ist mein Koffer? Ich muss mich fertig machen für ein Bankett, das in drei Stunden stattfindet.«

Dean Merrill, der mich bei der Arbeit an diesem Buch unterstützte, flog kürzlich von seiner Heimat Colorado nach Dallas wegen einer Beerdigung im Familienkreis. Der Tod hatte die Kinder des Mannes überrascht, da es ihm gutzugehen schien, trotz seines Alters von 86 Jahren. Aber eines Tages, als seine Schwiegertochter ihn wie üblich Kaffee und Donut fürs Frühstück brachte, fand sie ihn zusammengebrochen auf dem Teppich.

Umfangen von Schock und Trauer folgte die Familie, der Empfehlung eines Rettungssanitäters für ein Bestattungsunternehmen, das in direkter Nähe lag. Zunächst klappte alles reibungslos. Doch als Familie und Freunde am Tag der Beerdigung, einem Montag, dort um 10 Uhr morgens eintrafen, ergab sich ein anderes Bild.

Als Erstes zeigte der Aushang, der den Besuchern den Weg zur Kapelle erklärte, das Gesicht eines anderen Mannes und einen falschen Namen. »Oh, Entschuldigung«, sagte die Büroangestellte. »Das ist noch von gestern Abend; wir tauschen das sofort aus.« *Mangel Nummer eins.*

Der Gottesdienst begann mit einem Grußwort, der Lesung des 23. Psalms und einem Gebet. Aber etwas störte die Gäste. *Was ist das für ein Lärm da draußen vor dem Fenster*, fragten sich alle. Es stellte sich heraus, dass es sich um das Brummen eines Rasenmähers handelte. Der lästige Lärm hielt rund zwanzig Minuten an. Musste das Gras wirklich genau jetzt gemäht werden? Hätte das nicht bis zum Ende des Begräbnisses warten können? *Mangel Nummer zwei.*

Im weiteren Verlauf des Gottesdienstes sollte eine Aufnahme des Stückes »To God Be the Glory« von Andraé Crouch gespielt werden, gesungen von der verstorbenen Ehefrau des Toten, die einen wunderbaren Sopran gehabt hatte. Dies sollte traute Erinnerungen an den Verstorbenen wecken. Geplant war, dass das Lied begleitet werden würde von einer Slideshow von Familienfotos über die Jahrzehnte hinweg – das glückliche Paar, Weihnachtstage mit den Enkeln, unvergessliche Urlaube und Ähnliches. Einer der Söhne hatte Stunden damit zugebracht, die Fotos zusammenzutragen, sie in eine Reihenfolge zu bringen und auf die Seite des Beerdigungsinstituts hochzuladen. Die Audiospur lief problemlos, aber aus unbekannten Gründen wurden die Bilder nicht auf dem großen Bildschirm gezeigt. Die Software war abgestürzt. *Mangel Nummer drei.*

Nach dem Gottesdienst sollte die Beerdigung im Familiengrab stattfinden, in der Nähe einer kleinen Stadt rund neun Meilen entfernt in Ost-Texas gelegen, wo der Mann aufgewachsen war. Wegen dieser längeren Strecke war keine Fahrt im Konvoi geplant; stattdessen wurde allen Teilnehmern der Weg eindeutig erklärt, damit sie selbst hinfinden konnten. Die Strecke war nicht kompliziert: einfach Richtung Osten auf der Interstate 20 bis zu einer bestimmten Ausfahrt, dann rechts und dem State-Highway ein paar Meilen folgen bis zum Friedhof.

Die verschiedenen Familienmitglieder trafen gegen 12:30 Uhr ein. Die Belegschaft des Friedhofs hatte alles vorbereitet. Ein Zeltpavillon war errichtet worden, die Klappstühle standen an Ort und Stelle; und drei Friedhofsmitarbeiter standen respektvoll in einiger Entfernung auf ihre Schaufeln gestützt.

Alles, was fehlte war der Leichenwagen mit dem Sarg. Fünfzehn Minuten vergingen, zwanzig. Die Augen suchten den Horizont ab. Derjenige der Söhne, der sich um die Vorbereitungen gekümmert hatte, holte sein Mobiltelefon hervor und rief beim Bestattungsinstitut an, nur um zu erfahren; »Er ist unterwegs.«

Eine halbe Stunde verging, dann vierzig Minuten. Die kleinen Enkelkinder wurden ruhelos, sie wollten im Sand spielen. Einem Baby mussten die Windeln in einem der Vans gewechselt werden. Der Sohn rief erneut an. Dieses Mal war die Antwort sogar übler: »Wir können den Fahrer nicht erreichen. Wir sind uns nicht sicher, wo er ist.«

Nachdem rund eine Stunde vergangen war, sagte der aufgebrachte Sohn: »Hört mal alle. Lasst uns jetzt zu dem Restaurant fahren, wo ich Tische für das Familienessen reserviert habe. Wir kommen später wieder für die Grabzeremonie.«

Die hungrige, erhitzte, müde Gruppe machte sich vollkommen frustriert auf den Weg zu ihren Autos, als der Leichenwagen mit dem Sarg langsam in den Friedhof einbog. Die einzige Erklärung des Fahrers: »Ich habe mich verfahren.« *Mangel Nummer vier* – der größte von allen, und das an einem Tag, an dem die Menschen emotional aufgewühlt waren.

Die Menschen,

denen Sie Ihren Service anbieten, wollen grundsätzlich drei Dinge:

Erstens:

Sie wollen ein Produkt, eine Dienstleistung oder eine andere Leistung ohne Mängel.

Zweitens:

Sie wollen Pünktlichkeit.

Schließlich:

Sie wollen, dass derjenige, mit dem sie zu tun haben, sie freundlich behandelt.

Ein wachsames Unternehmen denkt immer einen Schritt voraus, um so etwas zu vermeiden. Und falls trotzdem etwas schiefgeht, beruft es sofort ein Belegschaftsmeeting ein, um sicherzustellen, dass so etwas nie wieder passiert.

Zweitens: Die Menschen, denen wir unseren Service anbieten, wollen Pünktlichkeit. Ihre Kunden wollen nicht herumsitzen oder -stehen und auf Sie warten. Wenn sie in einem Restaurant zu Abend essen, und ihr Gericht absolut perfekt und wohlschmeckend ist (keine Mängel), es aber fünfundvierzig Minuten dauerte, bis es serviert wurde, werden Sie unzufrieden sein, egal wie delikat das Mahl war. Wenn jemand Ihre Kundenberatung anruft und zehn Minuten in der Warteschleife hängt, dann ist es gleichgültig, ob die Kundenberaterin freundlich und kompetent das Problem löst. Der Kunde wird so verärgert sein, dass er dies kaum registriert.

Und schließlich: Kunden wollen, dass derjenige, mit dem sie es zu tun haben, sie freundlich behandelt. Sie möchten eine fürsorgliche Haltung spüren. Dieser dritte Wunsch ist sogar bedeutsamer als die beiden ersten zusammen. Seine Erfüllung kann andere Mängel ausgleichen. Ich habe zum Beispiel mitbekommen, wie Restaurantbesucher sagten: »Ich hatte etwas am Essen zu beanstanden, aber der Kellner war so zuvorkommend, und der Koch ist sogar an meinen Tisch gekommen, um sich zu entschuldigen. Damit war dann alles wieder gut.«

Ich habe einmal in Chicago das Führungsteam einer gewissen Bank beraten. Am Nachmittag vor dem Termin beschloss ich, die Arbeitsabläufe zu testen. Ich betrat das kolossale Bankgebäude im Chicagoer Loop und betrachtete die eindrucksvollen Marmorsäulen. Alles strahlte Reichtum aus. Vierundzwanzig Bankmitarbeiter saßen an Schaltern, um Kunden zu bedienen.

Ich reihte mich in die Schlange ein und wartete darauf, aufgerufen zu werden. Als ich am Kopf der Schlange stand, was hörte ich da?

»*Nächster!*«, rief eine junge Frau.

Ich trat an ihren Schalter und sagte: »Ich würde gern diese 50-Dollar-Note wechseln.«

Ohne ein Lächeln oder gar ein Wort nahm sie mein Geld und tat, worum ich gebeten hatte. Im Stakkato zählte sie mir laut mein Wechselgeld vor: »Zehn, zwanzig, dreißig, vierzig, fünfundvierzig, fünfzig. *NÄCHSTER*!« Ich nahm die Geldscheine und beeilte mich, wegzukommen.

Hatte die Bankangestellte ein Produkt *ohne Mängel* abgeliefert? Ja. Sie gab mir die korrekte Summe heraus. Und die Scheine waren echt, keine einzige Blüte war darunter.

Hatte sie dies *zügig* getan? Ja. Der Geldwechsel hatte keine sechzig Sekunden gedauert.

Hatte sie mir in irgendeiner Weise signalisiert, dass sie mich als menschliches Wesen wahrnahm oder sich um mein Wohlergehen scherte? *Nein.*

Am nächsten Morgen berichtete ich den Bankmanagern von diesem Erlebnis. Dann fragte ich sie: »In was für einer Branche sind Sie tätig? Sicherlich doch im Dienstleistungssegment! Sie stellen das Geld nicht her; das ist die Aufgabe der US-amerikanischen Münzprägeanstalt. Alles was Sie tun, ist, mit dem Geld anderer Menschen zu handeln, nicht wahr?« Widerwillig nickten sie.

Ich machte noch ein paar Bemerkungen und sagte dann: »Als ich gestern Ihre Bank betrat, hatte ich – und das versichere ich Ihnen – nicht das Gefühl, als Kunde behandelt zu werden.«

Stellen Sie sich vor, Sie sind im Gesundheitswesen tätig. Menschen, die in eine Arztpraxis kommen, wollen – selbstverständlich – von ihren Schmerzen kuriert werden. Aber das ist nicht alles. Heilen umfasst mehr als nur das Verschreiben von Tabletten. Patienten wollen von der Ärztin, vom Krankenpfleger, ja sogar von der Sprechstundenhilfe *gehört* werden. Sie möchten, dass ihnen jemand zuhört, der fürsorglich ist. Ja, ihre Aufzählung der Beschwerden mag langatmig sein, vielleicht auch etwas verwirrend – aber das ist ihre Realität. Wenn medizinische Fachkräfte darauf nicht mit Menschlichkeit reagieren, kann der Heilungsprozess gestört werden.

Wenn Sie in eine christliche Kirche gehen, dann erwarten Sie natürlich Predigten, die auf der Bibel basieren (keine Mängel). Sie erwarten, dass der Gottesdienst zum angekündigten Zeitpunkt beginnt und endet (Pünktlichkeit). Aber in der Zeit dazwischen, bemerkt Sie da jemand? Irgendjemand, mal abgesehen von jenen, die von der Kirche abgestellt werden, um die Gäste zu begrüßen? Blickt der Pastor oder der Kirchenälteste Ihnen in die Augen, lächelt und schüttelt er Ihnen die Hand? Wird Ihnen vermittelt, dass Sie wichtig sind für diese riesige und umtriebige Institution?

Zugegeben, nicht jeder will auf die gleiche Weise behandelt werden. Einige Menschen lieben Umarmungen, andere empfinden körperliche Berührungen als übergriffig.

Aber zumindest ein Lächeln und ein freundliches »Guten Morgen« zeigen Ihnen, dass Sie wertgeschätzt werden.

Kirchgänger kommen, um in Kontakt mit Gott zu treten, das versteht sich von selbst. Aber sie möchten ebenfalls in Kontakt treten mit dem einen oder anderen gleichgesinnten Menschen. Wie der weise und beliebte britische Prediger Joseph Parker im 19. Jahrhundert gesagt haben soll: »Auf jeder Kirchenbank findet sich ein gebrochenes Herz.«

Und außerdem ...

Mir ist aufgefallen, dass in den letzten Jahren zwei weitere Kundenwünsche stärker werden. Ganz gleich, was Ihr Produkt sein mag: Heutzutage sind Menschen mehr und mehr an Individualisierung und Personalisierung interessiert.

Individualisierung. Menschen wollen die Möglichkeit haben, ein Produkt nach ihren eigenen Vorlieben zu justieren – eine Herausforderung für jeden von uns, der seinen Service vielen Menschen anbieten möchte. Aber Kunden denken darüber nicht nach. Sie wissen nur, dass sie nicht an eine feste Vorauswahl gebunden sein wollen. Die Sandwichkette Subway hat die Spitze dieses Marktes erklommen, indem sie ihre Kunden selbst entscheiden lässt, mit wie viel Salat, schwarze Oliven, geriebenen Käse und Jalapeños ihr spezielles Sandwich bestückt werden soll, und die Kunden können dabei zusehen, wie ihr Sandwich Schritt für Schritt fertiggestellt wird. Die Autoindustrie weiß seit langen, dass sie mehr Autors verkauft, je mehr Optionen und Gadgets sie anbietet.

Im Ritz-Carlton Laguna Niguel in Dana Point in Kalifornien mehrten sich die Beschwerden wegen unserer Check-out-Zeiten, besonders am Sonntag. Die Menschen waren hergekommen, um ein langes Wochenende zu genießen, um auszuschlafen und an den Strand zu gehen, doch wegen der frühen Zeiten fühlten sie sich unter Zeitdruck.

Wir verlegten den Zeitpunkt für den Check-out auf drei Uhr nachmittags, und die Beschwerden lösten sich in Luft auf. Natürlich bedeutete dies, dass wir unsere Personalplanung entsprechend anpassen mussten, am Nachmittag mussten nun mehr Zimmermädchen anwesend sein, um die Räume möglichst schnell zu reinigen. Aber das war ein kleiner Preis für den positiven Eindruck, den wir bei unseren Gästen hinterließen.

Nach einer Weile fragten wir uns: »Müssen wir wirklich so rigide Check-out-Zeiten festlegen?« Wir studierten unsere Klientel und stellten fest, dass die meisten Gäste aus eigenem Antrieb so früh am Morgen abreisten, dass wir ausreichend Zeit hatten, die Zimmer für die nächsten Gäste vorzubereiten. Warum eine unnötige Regel aufstellen und durchsetzen? Darauf schufen wir die Check-out-Bedingungen vollständig ab.

In einem anderen Hotel bemerkte ein Hausmädchen, als sie die Abfallkörbe in einem Zimmer leerte, dass der Zimmergast sorgfältig die Nüsse aus den Chocolate-Chip-Keksen pulte, die auf dem Tablett neben seinem Bett lagen. Was tat sie? Ignorierte sie diese Information einfach? Nein, sie teilte dem Koch mit, dass der Gast offensichtlich keine Nüsse mochte. Als jener am nächsten Abend in sein Zimmer zurückkehrte, fand er auf dem Nachttisch eine Schale mit Chocolate-Chip-Keksen ohne Nüsse vor.

Das Zimmermädchen hatte auf diese Weise die Individualisierung auf ein ganz neues Niveau gehoben.

Mitunter kann es eine große Wirkung haben, sich auf den Einzelnen zu fokussieren. Southwest Airlines erhielt 2015 viele wichtige Auszeichnungen für ihren Umgang mit einer Kundin namens Peggy Uhle. Peggy saß abflugbereit auf ihrem Platz für den Flug von Chicago-Midway nach Columbus, Ohio, als unerwartet ein Flugbegleiter zu ihr trat und ihr mitteilte: »Es tut mir leid, aber Sie müssen dieses Flugzeug verlassen. Bitte kommen Sie mit.«

Peggy dachte, sie wäre vielleicht an Bord des falschen Flugzeugs gelandet. Doch sie wurde zum nächsten Serviceschalter geführt, wo man ihr mitteilte, sie solle ihren Ehemann anrufen. Von diesem erfuhr sie, dass sich ihr Sohn in Denver eine schwere Kopfverletzung zugezogen hatte und nun im Koma lag.

Es stand außer Frage: Peggy wollte nicht mehr ostwärts fliegen; sie wollte zu ihrem Sohn, und zwar so schnell wie möglich. Das Team von Southwest Airlines hatte dies bedacht und sie von sich aus umgebucht auf den nächsten Flug nach Denver. Die Mitarbeiter holten Peggys Gepäck aus dem Flugzeug nach Columbus, etikettierten es neu, ermöglichten ihr, in einem separaten Bereich zu warten, versorgten sie sogar mit einem Lunch für den Flug nach Denver und ermöglichten es Peggy, früher an Bord zu gehen als alle anderen Fluggäste.

»Die Behandlung, die mir zuteil wurde, war unvergleichlich«, sagte die schmerzgebeutelte Mutter später. »Wir haben Southwest Airlines immer gemocht, und nun können wir die Airline gar nicht genug loben.«

Innerhalb weniger Stunden saß Peggy am Krankenbett ihres Sohnes dank der Fürsorge der Fluggesellschaft. Der Gesundheitszustand ihres Sohnes hat sich seitdem verbessert.[1]

Personalisierung. Nichts auf dieser Erde klingt so süß in den Ohren eines Menschen wie sein eigener Name. Niemand will »Kundennummer W4983Q7« sein. Jeder möchte mit seinem Namen angesprochen werden, denn es ist ein Ausdruck von Wertschätzung. Im Hotelgewerbe bringen wir den Portiers bei, einen Blick auf die Anhänger der Koffer zu werfen, die sie aus dem Kofferraum des Taxis holen, während der Gast den Fahrer bezahlt. Wenn er dann aussteigt, begrüßt ihn der Portier mit den Worten: »Willkommen, Mr. Johnson!«

Wenn der Name schwer auszusprechen ist, ist es natürlich besser, es gar nicht erst zu probieren, um Fehler zu vermeiden.

Wenn Sie einem Gast einen Gruß senden möchten, der im Juli seinen Geburtstag feiert, stellen Sie sicher, dass die Arbeitsabläufe reibungslos ineinandergreifen, damit die Karte nicht erst im Oktober verschickt wird. Das würde mehr Schmerz bereiten als Freude.

Auf unsicherem Grund

Sogar dann, wenn Sie denken, Sie haben verinnerlicht, was der Kunde will, sollten Sie im Blick haben, dass sich Geschmäcker verändern. Als ich anfing, Hotels zu managen, ergaben unsere Befragungen, dass Gäste bereit waren, in einer Schlange vor der Rezeption vier Minuten zu warten. Wir bemühten uns deshalb darum, ausreichend Personal zu haben, das sich nach zwei Minuten um sie kümmerte, ihnen zum Beispiel einen Softdrink anbot.

Aber heute sind Menschen ungeduldiger. Sie werden schon nach zwanzig Sekunden ärgerlich! Um darauf reagieren zu können, haben wir unser Servicepersonal aufgestockt.

Man kann sowohl der ständig sich wandelnden Kultur hinterherhinken als auch ihr weit voraus zu sein. Ich lernte dies auf die harte Tour im ersten Ritz-Carlton-Hotel, als wir die VingCard einführten, ein elektronisches Schlosssystem für die Zimmertüren. Wir waren sehr stolz, auf der Höhe der damaligen Technologie zu sein, doch unsere Gäste sagten: »Was ist das – nur ein kleines Stück Plastik? Sie wollen ein Luxushotel sein, und Sie können es sich nicht leisten, mir einen richtigen Zimmerschlüssel zu geben?« Sehr schnell bauten wir wieder Metallschlösser ein.

Drei Jahre später war die Plastikalternative allgemein akzeptiert. Die Leute hatten sich so daran gewöhnt, dass ihnen nun die herkömmlichen Schlüssel regelrecht gefährlich vorkamen: »Was, wenn ich diesen Schlüssel verliere und jemand ihn findet? Der wird nachts um zwei in mein Zimmer eindringen!« Wir mussten das Schlüsselsystem also *erneut* ändern.

Das Gleiche passierte, als wir Voicemail einführten. Ich dachte, es wäre eine gute Idee. Aber die Gäste waren anderer Meinung: »Sie wollen mir keine handgeschriebenen Nachrichten mehr aufs Zimmer bringen? Was ist das hier für eine billige Absteige?« Also nutzten wir eine Weile lang beide Methoden – Nachrichten auf Papier zusätzlich zum elektronischen System. Es dauerte natürlich nicht lang, bis Voicemail der Standard im Beruf wie privat wurde, was das Problem löste und unser System vereinfachte.

All dies belegt, dass sich die Präferenzen der Kunden wandeln. Auch wenn Sie dieses Jahr denken, Sie wären auf dem neuesten Stand, müssen Sie sich im nächsten Jahr neu informieren und auch im übernächsten Jahr und in dem darauf. Organisationen und ihre Führungsriegen müssen sich an die Veränderungen anpassen.

Vielschichtiges Zielpublikum

Sehr oft ist man als Chef in der herausfordernden Position, verschiedene Zielgruppen verstehen und zufriedenstellen zu müssen. Das Rote Kreuz muss sich zum Beispiel ebenso um Überschwemmungsopfer kümmern wie um die Geldgeber, die die Rechnungen zahlen. Eine Schulrektorin muss nicht nur die Eltern ihrer Schüler zufriedenstellen, sondern auch den hohen Tieren auf der politischen Landes- wie Bundesebene entgegenkommen. Ein Betriebsleiter muss nicht nur mit den Großhändlern zurechtkommen (die die fertigen Produkte vertreiben werden), sondern auch mit den Gewerkschaften. Jeder als Aktiengesellschaft organisierte Einzelhändler muss nicht nur die Kunden im Einkaufszentrum bei Laune halten, sondern auch die Börse glücklich machen; zufriedene Kunden kaufen hoffentlich mehr, das stellt auch die Investoren zufrieden. Aber nicht immer.

Führungskräfte sehen sich also einem Balanceakt gegenüber. Sie dürfen ihr Kernpublikum nicht vernachlässigen, sonst ist es um die Zukunft geschehen. Sie müssen aber auch Wege finden, externen Playern zu zeigen, dass alle davon profitieren. Diese Dynamik wird uns in den kommenden Kapiteln noch beschäftigen.

Für den Augenblick wollen wir vor allem einen Punkt festhalten: Zu verstehen, was dem Publikum, dem wir zu Diensten sind, am meisten am Herzen liegt, ist essenziell, auch wenn es nicht immer einfach ist.

KAPITEL 2

KUNDENSERVICE IST DIE AUFGABE EINES JEDEN EINZELNEN

Sobald ich »Kundenservice« sage, nicken Geschäftsführer zustimmend: »Oh ja, Kundenservice ist sehr wichtig. Wir müssen einen guten Kundenservice anbieten.«

Allerdings wird der Begriff oft nicht wirklich verstanden. Wenn Sie Führungskräfte – sogar jene von Dienstleistungsunternehmen wie Banken oder Hotels – bitten, Kundenservice zu definieren, murmeln diese in der Regel Gemeinplätze. Ich habe Unternehmensleiter wiederholt gefragt: »Wie bringen Sie Ihrer Belegschaft Kundenservice nah? Wie gehen Sie dabei vor?«, nur um zu erfahren, dass sie kaum eindeutige Antworten hatten.

Das erinnert mich an einen berühmten Ausspruch, der oft Mark Twain zugeschrieben wird: »Alle schimpfen über das Wetter, aber niemand tut etwas dagegen.« Nun, wir können zwar nichts gegen das Wetter machen, aber wenn es um Kundenservice geht, dann können wir durchaus etwas unternehmen.

Wenn Sie denken, Kundenservice ist einfach ein Schreibtisch in der hinteren Ecke des Ladens (oder ein Call-Center weit weg in Indien, wo ein höflicher junger Mann oder eine höfliche junge Frau mit einem starken Akzent vorgegebene Antworten von einem Skript abliest, um ein Problem zu lösen), dann haben Sie das Konzept nicht verstanden. Viel zu viele Menschen denken, Kundenservice beginnt, sobald eine Beschwerde ausgesprochen wurde. Jemand regt sich wegen etwas auf, und an diesem Punkt wird der Kundenservice aktiv, um ihn wieder zu beruhigen.

Aber das ist von der Wahrheit weit entfernt. Kundenservice beginnt in dem Moment, in dem Sie Kontakt mit einem Menschen aufnehmen.

Schritt eins

Kundenservice beginnt an der Eingangstür oder mit dem ersten Klingeln des Telefons. Schritt eins des Kundenservices ist ein *großartiger Empfang.* Zeigen Sie unmittelbar, dass Sie froh sind, dass diese Person ihren Weg zu Ihnen gefunden hat – auch wenn sie bislang nichts gekauft hat oder Sie sich nicht sicher sind, ob sie das überhaupt möchte.

Ich erwarte von meiner Hotelbelegschaft, dass dieser Empfang stattfindet, sobald sich die Person auf *drei Meter* genähert hat. Von sich aus müssen sie dann mit ungekünstelter Aufmerksamkeit sagen: »Guten Morgen!« oder »Guten Tag!«. Geschieht dies nicht, fühlt sich der potenzielle Kunde womöglich unsicher. *Bin ich hier richtig? Gehöre ich hierhin oder nicht?* Ist aber der Empfang freundlich und unmittelbar, fällt der Mensch eine unbewusste, positive Entscheidung: Er ist bereit, sich einzulassen.

Bitte beachten Sie, dass ich sagte »drei Meter«. Ich sagte nicht »fünfzehn Meter«. Wenn jemand ein Geschäft betritt, und ein Mitarbeiter, der vier Gänge weiter die Regale auffüllt, brüllt: »Willkommen in Joes Schnäppchenladen!«, dann macht das keinen guten Eindruck. Der Kunde wird das Gefühl haben, dass die Begrüßung nicht aufrichtig ist. Die Art von Begrüßung, um die es mir geht, muss ehrlich und persönlich sein.

Die Analyse von Hunderttausenden von Kundenbeurteilungen im Laufe der Jahre (mithilfe des geschätzten Forschungsunternehmens J. D. Power) hat gezeigt: Waren die ersten vier Kontakte des Kunden mit Hotelangestellten (zum Beispiel bei der telefonischen Reservierung, mit dem Portier, dem Gepäckträger und den Angestellten an der Rezeption) angenehm, gibt es später nahezu keine Beschwerden. Läuft aber gleich am Anfang etwas schief, folgen die Beschwerden auf dem Fuß: »Der Check-in war zu langsam.« »Das Zimmer war nicht sauber genug.« »Das Essen war zu kalt.« Und so weiter und so fort. Manche dieser Beschwerden entsprechen vielleicht nicht unbedingt der Wahrheit. Aber der Grund für diese Missstimmung lag im holprigen Auftakt.

Schritt zwei

Der nächste Schritt besteht darin, *den Kundenwünschen zu entsprechen*. Der Fokus liegt hierbei nicht auf Ihrer Agenda, sondern auf der der Kunden. Ja, Sie möchten Geschäfte machen. Aber wichtiger ist, *was Ihre Kunden wollen*.

Das ist auch der Grund, warum Sie fragen: »Was kann ich für Sie tun? Es wäre mir eine Freude, Ihnen helfen zu können.« Und dann hören Sie zu, und zwar richtig, um zu erfahren, was ist der vordringlichste Wunsch ist. Vielleicht sind manche Kunden nicht besonders wortgewandt, was das angeht. Vielleicht stammeln sie ein wenig, während sie versuchen, zu erklären, was sie wollen. Manchmal müssen Sie ein bisschen Detektiv spielen. Besonders in Autowerkstätten müssen Servicemanager (achten Sie auf die Sprache) dies tun. Jemand bringt sein Auto vorbei und sagt: »Mein Auto macht so komische Geräusche. Ich bin mir nicht sicher, was da los ist.« Der Kunde ist beunruhigt genug, um die Werkstatt aufzusuchen. Er weiß nicht, ob es etwas ganz Simples ist, wie zum Beispiel die Motorhaube, die nicht mehr richtig schließt, oder ob das gesamte Getriebe kurz vor dem Kollaps steht. Egal, worum es sich handelt, es gehört zu den Aufgaben des Servicemanagers, herauszufinden, worin das Problem besteht, und auf die Besorgnis des Kunden einzugehen.

Schritt drei

Die Begrüßung war warmherzig und wir haben den Kundenwünschen entsprochen – nun kommt der letzte Teil des Kundenservices, nämlich *die Verabschiedung*. Es ist immer wichtig zu sagen: »Danke, dass Sie heute hergekommen sind« oder »Danke, dass wir Ihnen zu Diensten sein durften«. Der Moderator José Díaz-Balart von NBC hat einen wunderbaren Schlusssatz für seine Wochenendsendung: »Vielen Dank für das Privileg Ihrer Zeit.« Auf diese Weise würdigt er sein Publikum, denn obwohl er eine nationale Berühmtheit ist und ein gut bezahlter Journalist, *müssen* die Zuschauer seine Sendung nicht sehen. Sie machen das aus freien Stücken, und er ist wirklich dankbar für ihre Zeit.

Ein ehrliches »auf Wiedersehen« lässt Menschen einen weiteren Besuch in Erwägung ziehen. Welche Vorbehalte gegenüber der Organisation sie womöglich zuvor hatten: An deren Stelle ist nun Vertrauen getreten. Innerlich sagen sie sich: *Die klingen, als würden sie mich mögen. Vielleicht komme ich nochmal her.*

Nicht nur jene in vorderster Front

Kundenservice ist nicht nur eine Frage für jene, die direkten Kundenkontakt haben. Sie betrifft alle innerhalb einer Organisation, die miteinander kommunizieren. Wirklich, alles hängt mit allem zusammen.

In jedem Gastronomiebetrieb arbeitet der Koch, der hinten in der Küche schuftet, den Kellnern zu. Vielleicht glauben Sie, dass der Typ mit der hohen weißen Mütze die Primadonna der Küche wäre, die Befehle brüllt und jedem sagt, was er zu tun hat. Aber so ist es nicht. Die Speise, die der Koch anrichtet, muss dem Gast schmecken, ansonsten bekommt der Kellner was zu hören. Köche müssen sich darüber im Klaren sein, dass die Kellner sozusagen ihre internen Kunden sind. Sie sind die Verbindung zu den Endkunden, die – letztendlich – diejenigen sind, die das Gehalt eines jeden zahlen. Natürlich kann andererseits der Koch die freundlichste, gewissenhafteste Person der Welt sein und die hervorragendsten Speisen anrichten, doch wenn der Kellner die Gäste unfreundlich behandelt, bricht die Lieferkette entzwei.

Jeder Mitarbeiter in jeder Abteilung muss sich bewusst machen, wer sein interner Kunde ist. Wenn Belegschaftsmitglieder das nicht wissen oder von der Frage irritiert sind, muss das Management klärend eingreifen, damit diese jene Menschen fragen können: »Was kann ich in deinem Sinne verbessern? Was kann ich tun, damit du *deine* Kunden besser bedienen kannst?« Auf diese Weise werden die Arbeitsprozesse reibungsloser ineinandergreifen.

Kundenservice ist nicht nur eine Frage für jene, die direkten **Kundenkontakt** haben.

Kundenservice betrifft **alle** innerhalb einer Organisation, **die miteinander kommunizieren.**

Jeder, von der unerfahrensten Hilfskraft an, sollte wissen, dass seine wichtigste Aufgabe ist *dabei zu helfen, den Kunden zu binden*. Wenn der Gast in einem Restaurant zum Kellner sagt: »Dieser Löffel hat Flecken«, dann reicht das zurück bis zur Hilfskraft. Der Kundenservice ist in diesem Moment desavouiert.

Anhalten und helfen

Auch Mitarbeiter ohne Außenkontakte können zufällig in Kontakt mit Kunden kommen. Das Zimmermädchen, das die Zimmer reinigt und die Betten macht, wenn die Gäste unterwegs sind, kann diesen im Foyer begegnen. Dann wird sie die Gäste freundlich grüßen müssen. Sollten die Gäste eine Frage haben, verdienen sie eine verbindliche Antwort oder die schnelle Weiterleitung zu jemanden, der antworten kann.

Der Managementberater Stephen Covey, bekannt für seinen internationalen Bestseller *Die sieben Wege zur Effektivität*, saß eines Tages in der Lobby eines meiner Hotels, während ein Serviceangestellter hoch oben auf einer Leiter etwas überkopf reparierte. Eine Frau, deren Arme beladen waren mit Handtasche, mehreren Päckchen und Gepäck, näherte sich der Eingangstür. Daraufhin kletterte der Serviceangestellte eilig die Leiter hinunter, um ihr die Tür aufzuhalten.

Covey konnte nicht anders, als den Mann anzusprechen: »Verzeihen Sie, aber das war wirklich sehr freundlich, was Sie für die Dame getan haben.«

»Ja, nun, dazu werden wir alle angehalten«, erwiderte der Mann. Er zog aus seiner rückwärtigen Tasche eine schmale Karte, der unseren »Kanon« enthielt: vierundzwanzig Servicegrundsätze. »Sehen Sie?«, sagte er. »Nummer vier besagt: ›Wir unterstützen einander und lassen unsere gegenwärtigen Aufgaben ruhen, um unseren Gästen unsere Hilfe anzubieten.‹«

Covey war beeindruckt. »Hat jeder Mitarbeiter so eine Karte?«, fragte er.

»Aber ja«, antwortete der Servicemann. »Wir gehen diese Punkte zu jedem Schichtbeginn durch, damit wir sie innerhalb eines Monats verinnerlicht haben.«[1]

Nicht lang nach diesem Vorfall rief Stephen Covey mich an. »Wenn ich das nächste Mal in Atlanta bin, möchte ich Sie treffen«, bat er. Das war der Beginn einer langen und herzlichen Freundschaft bis zu seinem Tod 2012.

Vor Jahren schrieb ein Unternehmensberater, nachdem er Dutzenden in Schieflage geratene Unternehmen zu helfen versucht hatte, es gäbe zwei Warnsignale, die er am häufigsten von den Belegschaften gehört hatte. Das erste Signal war der extensive Gebrauch des Pronomens »die«. Dies machte die Entfremdung zwischen den Abteilungen oder zwischen den oberen und den unteren Rängen deutlich: »*Die* wollen uns dieses und jenes nicht machen lassen« oder »*Die* haben das verpfuscht« oder »*Die* verstehen das einfach nicht«. Die zweite warnende Aussage lautet: »Das ist nicht meine Aufgabe.« In anderen Worten: *Ich habe hier meine kleine Expertennische, und niemand soll es wagen, mich hier rauszuholen!*

Aus diesem Grund mag ich keine Schalter mit Schildern, auf denen »Kundenservice« steht. Dies sendet den übrigen Mitarbeitern die stumme Botschaft, dass sie sich in diese Dinge nicht einmischen sollen oder gar selbst den Kunden dienen sollen, denn der »Kundenservice« macht das schon. Nein!

Stattdessen sollte das innigste Ziel in jeder Organisation bei der Erledigung jeder Aufgabe – vom Hallo-Sagen bis zum Wischen der Böden – sein, den Kunden davon zu überzeugen, wiederzukommen. Das ist ein sehr viel größeres Ziel, als einfach Aufgaben abzuhaken. Es hinterlässt einen hochwertigen Eindruck.

Die Regeln des heiligen Benedikt

Anderen zu dienen ist nicht Neues oder gar eine Modeerscheinung der Unternehmensführung des gegenwärtigen Jahrhunderts. Die Idee lässt sich zurückverfolgen bis ins Mittelalter. Vielleicht haben Sie schon vom heiligen Benedikt (480–547) gehört; er formulierte eine umfassende Handreichung, wie Klöster mit Menschen auf der Durchreise umgehen sollten. Hier ein paar Auszüge:

> *Alle Fremden, die kommen, sollen aufgenommen werden wie Christus …*
>
> *Sobald ein Gast gemeldet wird, sollen ihm daher der Obere und die Brüder voll dienstbereiter Liebe entgegeneilen.*
>
> *Allen Gästen begegne man bei der Begrüßung und beim Abschied in tiefer Demut: Man verneige sich, werfe sich ganz zu Boden und verehre so in ihnen Christus, der in Wahrheit aufgenommen wird.*

Hat man die Gäste aufgenommen (...) setze sich der Obere zu ihnen oder ein Bruder, dem er es aufträgt.

Der Abt gieße den Gästen Wasser über die Hände; Abt und Brüder zusammen sollen allen Gästen die Füße waschen.[2]

Im modernen Gastgewerbe nehmen wir nicht mehr ganz so viele Mühen auf uns. Aber Sie verstehen sicher das Prinzip. Wir sollten uns fragen: Wo stehen wir im Vergleich zu den Benediktinerklöstern?

Der heilige Benedikt sagte auch etwas zur Arbeitsplatzflexibilität der Mönche, die verantwortlich für die Küche waren:

Sooft sie es brauchen, gebe man ihnen Hilfen, damit sie ohne Murren dienen; sind sie jedoch zu wenig beschäftigt, sollen sie zu der Arbeit gehen, die man ihnen aufträgt.

Doch nicht nur hier, sondern für alle Aufgabenbereiche im Kloster gelte der Grundsatz: Wer Hilfe braucht, soll sie erhalten; wer jedoch frei ist, übernehme gehorsam jeden Auftrag.[3]

Service beinhaltet immer Fürsorge. Sie und ich haben vielleicht nicht die gleiche religiöse Ausrichtung wie Benedikt und seine Mönche, aber wir können die gleiche Nächstenliebe im Herzen tragen.

Um Kundenservice so umzusetzen, dass er nicht nur ein Etikett bleibt, müssen wir die richtigen Leute anstellen und sie von Anfang an sorgfältig instruieren, und außerdem müssen wir unsere Werte wieder und wieder erklären. Jeder einzelne Mitarbeiter trägt dazu bei, in den Kunden Loyalität zu wecken.

Wenn wir unsere Ziele niedriger ansetzen – uns zum Beispiel an Kosten orientieren oder an der Absicherung unserer Arbeitsplätze in einer schwierigen Wirtschaftslage –, vernachlässigen wir die wichtigste Aufgabe.

Details im Blick behalten

Viele kleinste Dinge, die wir tun, üben die größte Wirkung auf die Kunden aus. Zum Beispiel achten diese darauf, wie wir sprechen. Für das Ritz-Carlton stellte ich Schulabbrecher aus der sozial eher problematischen Innenstadt an – und diese meistern ihre Aufgaben mit Stil und Exzellenz. Fragen Sie sich, wie ich das hinbekommen habe?

Ich instruierte meine neuen Mitarbeiter, zur Begrüßung eines Gastes nicht »Hi« oder »Was geht?« zu sagen, sondern stattdessen »Guten Morgen, mein Herr!« oder »Guten Morgen, meine Dame!«. Wenn ein Gast nach etwas fragte, sollten sie nicht »okay«, »cool« oder »verstanden« antworten, sondern: »Natürlich! Mit Vergnügen! Es freut mich, Ihnen helfen zu können.«

Sie durften die Gäste nicht »Typen« oder »Leute« nennen. Sie mussten von ihnen als »Herr« oder »Dame« oder als »Damen und Herren« sprechen. Warum auf diese Weise? Weil wir wissen, dass Gäste sich geehrt, sich gar wichtig fühlen möchten. »Hi, Leute« gewährleistet das nicht.

Von 1983 an habe ich in Atlanta gelebt und das Hotel geführt, zudem hatte ich das Vergnügen, die Führungskräfte eines anderen großen Konzerns hier kennen zu lernen: der Chick-fil-A-Fastfood Company. Mehrfach wurde ich eingeladen, sie zu beraten, und bei einer dieser Gelegenheiten habe ich bei der Erörterung der Mitarbeiterausbildung erwähnt, dass unsere Angestellten die Gäste auf diese Weise ansprechen. Allerdings relativierte ich die generelle Gültigkeit, indem ich hinzufügte: »Vermutlich passt diese Sprache nicht zu Ihrem Marktsegment. Sie wollen es vielleicht etwas zwangloser.«

Die Gruppe begann zu brainstormen über ein Wording, das passen könnte. Im hinteren Bereich des Raumes saß schweigend S. Truett Cathy, der geistreiche Gründer des Unternehmens. Jemand hatte gerade erklärt, dass es seiner Meinung nach passend wäre, wenn Chick-fil-A-Mitarbeiter auf Kundenfragen reagierten mit: »Okay, ich erledige das.«

Und dann … erhob sich die Stimme aus dem Hintergrund: »Ich mag: ›Mit Vergnügen‹.« Oh!

Ich antwortete: »Ja, nun, wir sagen das im Ritz-Carlton, aber Sie müssen uns das nicht gleichtun. Überlegen wir doch, welchen Sprachgebrauch Sie in Ihren Geschäften etablieren wollen.« Die Diskussion wurde wieder aufgenommen.

Nach einer Weile erhob sich die Stimme aus dem Hintergrund erneut: »Ich mag: ›Mit Vergnügen‹.«

Und das beendete die Debatte.

Wenn sich eine Organisation den Ruf für hochwertigen Service erwirbt, dann erschafft sie sich damit eine einzigartige Reputation. Begrüßt die Person an vorderster Front verlässlich die Kunden mit echter Herzlichkeit, geht respektvoll mit ihnen um, stellt sicher, dass alles seine Richtigkeit hat, sorgt dafür, dass es dem Kunden gutgeht, und dankt ihm für das Privileg, ihn bedienen zu dürfen, dann wird der Kunde annehmen, dass das Zimmermädchen, der Koch, der Buchhalter, der Verwalter und jeder andere auch ebenso freundlich ist. Und sollten eines Tages einige der Mitarbeiter sich einen neuen Job suchen, werden sie, wenn sie sagen können: »Ich habe soundso viele Jahre für dieses und jenes Unternehmen gearbeitet«, vermutlich schneller einen Job finden aufgrund der hohen Reputation des Unternehmens.

Probleme aufspüren

Nicht immer läuft alles an allen Arbeitsplätzen reibungslos, das wissen wir. Wenn es ein Problem gibt, dann ist es wichtig, jedem einzelnen Mangel im Kundenservice auf den Grund zu gehen und zu beseitigen.

Das kann schwieriger sein, als Sie vielleicht denken. Ich musste das erkennen, als ich das allererste Ritz-Carlton Mitte der 1980er Jahre in Buckhead eröffnete, einem Viertel in Atlanta. Unser Versprechen lautete, dass der Room-Service innerhalb von dreißig Minuten nach der Aufgabe der Bestellung lieferte, doch ich musste feststellen, dass wir diese Zusage nicht einhielten. Langsamer Room-Service am Morgen war die häufigste Beschwerde, die wir zu hören bekamen.

Damals hatte ich nicht so viel Erfahrung wie heute, deshalb zerrte ich den Room-Service-Manager in mein Büro und wies ihn an: »Kümmern Sie sich darum! Ich möchte solche Beschwerden nicht mehr erhalten. Ändern Sie das!«

Natürlich sagte er: »Ja, Mr. Schulze, ich löse das Problem.«

Aber die Beschwerden rissen nicht ab. Gäste riefen morgens an, um Frühstück zu bestellen und baten: »Bitte, bringen Sie es schnell, denn ich muss in Kürze los zu einem Termin.« Wenn dies nicht klappte, wurden sie ärgerlich und tranken in aller Schnelle nur einen Kaffee auf dem Weg nach draußen. Zudem mussten wir das vorbereitete Frühstück wegwerfen, nachdem der Kellner vergeblich mit dem Fahrstuhl von der Küche rauf zum Zimmer und wieder hinuntergefahren war – und dafür natürlich auch kein Trinkgeld erhielt.

Während wir in den kommenden Jahren mehr Ritz-Carlton eröffneten, weiteten sich meine Aufgaben aus. Aber ich bemerkte weiterhin, dass die Beschwerden wegen des langsamen Room-Services im Hotel in Buckhead nicht weniger wurden. Ihre Anzahl war so beunruhigend hoch wie zuvor.

Mittlerweile hatte ich mich mit den Leistungskriterien des Malcolm Baldridge Award beschäftigt, die die Notwendigkeit betonen, die Ursache eines jeden Mangels zu finden, um ihn dauerhaft zu eliminieren.[4] Das ist ein wesentlicher Kernpunkt der *kontinuierlichen Verbesserung* jeder Organisation. Deshalb brachte ich schließlich die Beteiligten aus den verschiedenen Abteilungen an einem Tisch zusammen – den Mitarbeiter von der Auftragsannahme, den Koch, den Hilfskellner, den Kellner – und sagte: »Ich möchte, dass Sie als Gruppe die Ursache für das Problem finden. Gehen Sie ihm auf den Grund, und senden Sie zweimal wöchentlich einen Bericht über die Fortschritte an Ihren Geschäftsführer.«

Das Team begann, die einzelnen Schritte einer Bestellung beim Room-Service nachzuzeichnen:

- Die Bestellung kommt per Telefonanruf herein und wird sorgfältig notiert – kein Problem.
- Der Kellner liest die Bestellung und beginnt, das Serviertablett vorzubereiten (Besteck, Serviette und so weiter) – kein Problem.
- Der Koch erhält die Bestellung und bereitet unverzüglich das Frühstück vor – kein Problem.
- Der Kellner schultert das Tablett und begibt sich zum Fahrstuhl – und bang! Er muss im Erdgeschoss bis zu fünfzehn Minuten warten, während der Fahrstuhl zum 22. Stockwerk hinauf- und wieder hinunterfährt.

Was ging da vor sich? – Die Gruppe konzentrierte sich auf diesen letzten Punkt. Die Mitarbeiter wussten, dass der Service-Fahrstuhl zur Frühstückszeit stark frequentiert wurde. Die Zimmermädchen fuhren mit ihm, um ihr Equipment auf die verschiedenen Etagen zu transportieren.

Das Team wandte sich an den Bauingenieur. »Was ist mit dem Fahrstuhl los?«, wollten sie wissen. »Warum ist er so langsam? Sie müssen Teil unserer Arbeitsgruppe werden und uns helfen, die Ursache zu finden.«

Der Bauingenieur war einverstanden, obwohl er versicherte, dass es kein mechanisches Problem geben könne. Um dies zu belegen, wandte er sich an die Leute der Wartungsfirma, Otis, damit diese eine Inspektion durchführten. Sie bestätigten, dass mit der Fahrstuhltechnik alles in Ordnung war.

Für den nächsten Schritt stellte die Gruppe eins ihrer Mitglieder ab, damit es am Morgen mit dem Fahrstuhl fuhr und beobachtete, was da vor sich ging. Im Grunde sollte der Weg hinauf und wieder hinunter nicht mehr als zwei Minuten in Anspruch nehmen. Sollten unterwegs Leute einsteigen, würde sich die Fahrzeit auf vielleicht vier Minuten verlängern – aber nicht auf fünfzehn Minuten.

Der »Kundschafter« stellte einen kleinen Stuhl in den Fahrstuhl und nahm Platz, um zu beobachten, was da kommen würde.

Der Fahrstuhl startete im Erdgeschoss und stoppte im vierten Stock für einen Hausdiener (dieser versorgt die Zimmermädchen auf den verschiedenen Etagen mit Bettwäsche, Seife, Shampoo und Ähnlichem). Dieser stieg ein und drückte den Knopf für den fünften Stock. Als die Tür dort aufging, fixierte er sie mit einem kleinen Holzblock, damit sie nicht wieder zuging, eilte zum Vorratsraum und kehrte mit einem Armvoll Bettwäsche zurück. Im sechsten Stock blockierte er wieder die Fahrstuhltür, während er die Bettwäsche den Zimmermädchen brachte. Diese wiederholte sich von Stockwerk zu Stockwerk.

Kein Wunder, dass die Essensbestellungen es nicht aus der Küche zu ihrem Bestimmungsort schafften!

Die Arbeitsgruppe nahm nun den Hausdiener ins Kreuzverhör: »Warum geschieht das?«

»Weil wir zu wenig Bettwäsche haben«, antwortete der Mann seelenruhig. »Wir haben nur zwei Sets Bettwäsche für jedes Bett – eines ist aufgezogen, das andere ist in der Wäscherei. Ein Hotel benötigt aber drei Sets, damit alles rundläuft. Aber da es ist, wie es ist, ›stehlen‹ wir die Bettwäsche von anderen Etagen.«

Daraufhin wurde der Zuständige für das Textilmanagement zum Meeting dazu geholt; ein alter Hase, der von Anfang an dabei war. »Warum müssen die Mitarbeiter die Bettwäsche von einem Stockwerk für das nächste stehlen?«, wollte die Gruppe wissen.

»Weil wir nur zwei Sets pro Bett haben.«

»Aber warum?«

»Nun«, antwortete der Mann, »als wir das Hotel eröffneten, gab es finanzielle Probleme. Mr. Schulze musste Kosten minimieren, darum hat er ein Set eingespart.«

Die Ursache des langsamen Room-Services konnte letztendlich aufgespürt werden. Es war meine Schuld! Ich habe ungerechtfertigterweise diversen Managern Kummer bereitet. Sofort bewilligte ich den Kauf zusätzlicher Bettwäschesets – und die Beschwerden wegen des Room-Services gingen sofort um mehr als 70 Prozent zurück.

Aber wie viele Gäste hatten wir deswegen verloren? Wie viel Zeit war dadurch verschwendet worden? Wie viele Kellner waren verärgert, weil sie um ihr Trinkgeld gebracht worden waren? Wie viele Lebensmittel hatten weggeworfen werden müssen?

Manchmal liegt die Ursache eines Problems im Kundenservice – oder im Grunde jeglichen Defizits – fünf Schritte von dem Punkt entfernt, wo es sichtbar wird. Eine einzelne Person an einem abgelegenen Schalter kann dies nicht allein lösen. Nötig ist, dass jeder, der in irgendeiner Weise in dem Prozess eingebunden ist, sich so gut wie möglich einbringt, denn alle sind verpflichtet, dem Gast jeden Grund zu geben, wiederzukommen – immer und immer wieder.

Jedes Mal, wenn Sie einer Störung auf diese Weise auf den Grund gehen, verbessern Sie Ihren Kundenservice, während Sie gleichzeitig die Kosten auf lange Sicht verringern. Das ist in jeder Hinsicht für alle eine Win-win-Situation.

KAPITEL 3
DIE VIER GRUNDREGELN

Der Zielgruppe erfolgreich zu dienen, ist nicht immer einfach. Kunden (Klienten, Mitglieder, Teilnehmer) können quengelig und fordernd sein. Einige sind sogar echte Nervensägen. Es ist verständlich, dass es manchmal frustrierend sein kann, diese stets bei Laune zu halten.

Aber wenn Sie es sich zu Ihrer Grundeinstellung machen, dass Menschen nicht zufrieden sind, egal was man tut, dann werden Sie nicht Ihr Bestes geben für den Kundenservice. Und damit schneiden Sie sich auf lange Sicht ins eigene Fleisch.

Nach der Auswertung von Millionen von Kunden-Feedbacks kann ich Ihnen versichern, dass Sie rund 2 Prozent aller Kunden nicht glücklich machen können. Diese sind einfach irrational. Sie verlangen Dinge, die Sie nicht leisten können. Oder sie wollen etwas, das die anderen 98 Prozent verärgern würden. Ich nenne diese kleine Gruppe die »Deppen-Fraktion«.

Aber nicht einmal diese wenigen Menschen liefern uns eine Entschuldigung, uns nicht mehr wie Damen und Herren zu verhalten. Denn das sind wir, und das müssen wir bleiben, egal ob es anderen gefällt oder nicht. Wir dürfen uns nicht ablenken lassen von den vier Grundregeln, die jede Organisation verfolgt, die erfolgreich sein will:

1. Kunden binden.
2. Neue Kunden finden.
3. Den Kunden ermuntern, so viel Geld wie möglich auszugeben – ohne Ziel Nummer eins zu unterlaufen.
4. Und vor allem: danach streben, immer effizienter zu arbeiten.

Worin auch immer Ihr Unterfangen besteht – Fertigung, Verkauf, Finanzen, Erziehung oder Verwaltung –, dies sind Aufgaben. Sie dürfen sie niemals aus dem Blick verlieren, ganz egal wie laut die Welt um Sie herum ist, ganz egal wie eingespannt Sie sind. Sie müssen immer weiter daran festhalten.

Mir wurde berichtet, dass im Fundraising-Sektor viele Non-Profit-Organisationen damit rechnen, pro Jahr 30 Prozent ihrer Spender zu verlieren. Dies ist eine akzeptierte Daumenregel; pro Jahr gilt es, eine Reihe neuer Geldgeber zu finden, nur um mit dem vergangenen Jahr Schritt halten zu können.

Einige dieser Spender sind vermutlich gestorben. Aber was ist mit jenen, die einfach nur gelangweilt sind von Ihren Spendenaufrufen und abwandern? Wollen Sie nicht wissen, warum sie sich abwenden? Sind Sie nicht interessiert daran, zu erfahren, was Sie hätten tun können, um deren Unterstützung für Ihre Mission wiederzubeleben?

Es gibt offenbar einen regelrechten Nebenzweig der Direktwerbung, bei dem Organisationen Listen mit »verlorenen Geldgebern« an- und verkaufen. Darauf stehen die Namen und Adressen von Menschen, die für eine Sache gespendet haben, dies jedoch – aus welchem Grund auch immer – eingestellt haben; nun werden ihre Daten weitergegeben für x US-Dollar pro tausend Stück. Die neue Organisation wird versuchen, Spenden von diesen Leuten zu erhalten, weil die alte Organisation nicht länger effektiv war. Das gilt als gängige Praxis, obwohl es immer teurer ist, neue Spender oder Kunden zu finden, als alte zu halten.

Wenn eine Organisation von der obersten bis zur untersten Ebene sich der Kundenbindung verpflichtet, versucht, die Kunden so gut wie nur möglich zu verstehen und ihre Erwartungen zu erfüllen, dann werden sich die Ergebnisse auf eine ganz wunderbare Weise zeigen.

Extremfälle

Vielleicht denken Sie jetzt: *Aber Horst, manche Menschen sind wirklich unmöglich. Man kann nicht darauf hoffen, sie zufriedenzustellen.*

Sollte das, was ein Kunde möchte, illegal sein, dann müssen Sie natürlich die zuständigen Behörden benachrichtigen. Dem Kunden zu Willen zu sein, steht in solchen Fällen außer Frage. Aber abgesehen von dieser Ausnahme gibt es eine ganze Reihe kreativer Möglichkeiten, Kundenwünsche zu erfüllen, wenn wir nur richtig darüber nachdenken. Alle Jubeljahre haben wir im Hotelgewerbe einen Gast, der so unausstehlich ist, dass wir versucht sind, aufzugeben. Für alle Ritz-Carlton-Hotels weltweit – mehr als fünfzig Stück – habe ich die Richtlinie ausgegeben, dass nur eine einzige Person die Entscheidung fällen kann, einen Gast des Hauses zu verweisen, und das bin ich.

Eines Tages rief mein Manager aus Atlanta an, um mir mitzuteilen: »Horst, wir haben hier einen Gast, der inzwischen seit zehn Nächten da ist. Jeden Morgen kommt er in mein Büro, um sich über die unterschiedlichsten Dinge zu beschweren. Was auch immer wir versuchen, es ist nie richtig. Und obendrein hat er in der Club-Lounge mehrere Frauen gekniffen. Die sind natürlich äußerst aufgebracht. Kann ich ihn bitte hinauswerfen?«

Wir hatten nicht genug belastbare Beweise, um die Polizei zu rufen und ihn wegen Körperverletzung anzuzeigen. Wir hatten die Übergriffe nicht mit eigenen Augen gesehen, und auch die Sicherheitskameras hatten nichts aufgezeichnet. Aber dies war eine schwerwiegendes Fehlverhalten, wir wollten nicht einfach darüber hinweggehen.

Deshalb antwortete ich dem Manager: »Okay, mach Folgendes. Erstens: Verriegele die Tür, wenn er weg ist, sodass er nicht zurück in sein Zimmer kann. Zweitens: Reserviere für ihn ein Zimmer in einem anderen First-Class-Hotel in der Stadt. Drittens: Lass eine Limousine vorfahren und auf ihn warten. Wenn er in dein Büro stürmt, sag ihm: ›Mr. Jones, seit zehn Tagen beschweren Sie sich wegen allem und jedem. Wir versuchen aber, jeden Gast zufriedenzustellen. Jetzt versuche ich es nun ein weiteres Mal: Wir bringen Sie in ein anderes gutes Hotel. Ich habe bereits für Sie reserviert; die Limousine wartet schon auf Sie. Wir möchten wirklich, dass Sie glücklich sind.‹«

Der Manager befolgte meine Anweisungen. Natürlich rief mich der Kerl innerhalb von Minuten völlig aufgebracht an.

»Ja, ich weiß«, unterbrach ich ihn. »Ich habe den Manager angewiesen, dies zu tun. Es ist alles meine Entscheidung.«

»Ich werde Sie verklagen«, schrie er.

»Mr. Jones«, erwiderte ich gelassen, »wenn Sie mich verklagen, machen Sie sich bewusst, dass die Damen, die Sie gekniffen haben, an diesem Tag im Gerichtssaal anwesend sein werden.«

Stille.

Es gibt eine kurze Fortsetzung der Geschichte. Sechs Monate später erhielt ich einen Anruf von unserem Manager in Naples, Florida. »Horst, ich habe hier einen Kerl, der jeden Morgen in mein Büro kommt und sich beschwert«, erzählte er mir. »Und nicht nur das, er hat mehrere Damen in der Club-Lounge gekniffen.«

»Oh, Mr. Jones ist also in Ihrem Hotel«, sagte ich mit gerunzelter Stirn.

»Woher wissen Sie das?«

Ich gab ihm die gleichen Anweisungen wie meinem Manager in Atlanta.

Der Manager aus Naples berichtete mir später, sobald er mit seiner Ansprache angehoben hätte – »Mr. Jones, wir sind hier, um Sie zufriedenzustellen …« –, hätte der Mann den Kopf geschüttelt und gesagt: »Oh nein, nicht schon wieder.«

Keine Ausflüchte

Lassen Sie uns zurückkehren zu den Kunden, denen wir zu Diensten sein können. Wir können 98 Prozent des Publikums zufriedenstellen, wenn wir das in den Mittelpunkt unsers Handelns stellen. Es ist schlicht eine Frage der Einstellung.

Ebenso gehört dazu, keine Ausflüchte gelten zu lassen. Im Lauf der Jahre habe ich die meisten von ihnen gehört, zum Beispiel:

- »Ach, wissen Sie, die Leute werden immer launischer heutzutage.«
- »Es liegt an unserem Marktsegment.« Manchmal wird dies rassistisch oder ethnisch aufgeladen: »Es kommen zu viele Asiaten« oder »Wir haben viele russische Gäste, und das sind alles zwielichtige Typen.«
- »Da sind Straßenbauarbeiten direkt vor unserer Tür – eine Menge lautes Gerät. Wir können nichts dagegen tun.«
- »Wir hatten schreckliches Wetter. Ein Blizzard ist durch die Stadt gefegt, und niemand war mehr auf Reisen« – eine Entschuldigung, die ich mehr als einmal von Hotelmanagern zu hören bekam.

Für manche Manager sind dies allerdings keine Ausflüchte, sondern »Erklärungen«. Die Sätze klingen plausibel, und geben den Managern das Gefühl, die Frage beantwortet zu haben, und damit ist das Problem aus der Welt geräumt. Die Sache ist nur: Nichts an einer »Erklärung« ist schön. Schönheit liegt vielmehr in der *Innovation* – darin, einen Weg zu finden, die Herausforderungen zu meistern und weiterzuschreiten Richtung Fortschritt, Kundenzufriedenheit, Erfolg.

In meinen Augen macht dies den Unterschied zwischen einer Führungspersönlichkeit und einem Manager aus. Eine Führungsperson strebt stets danach, die vier wichtigsten Ziele zu erreichen: Wie können wir 1. die Kunden binden, 2. mehr Kunden finden, 3. deren Ausgaben erhöhen und 4. effizienter werden? Im Gegensatz dazu verwendet der Manager mehr Zeit darauf, Entschuldigungen zu finden für die Nichterreichung dieser Ziele.

Leider gibt es auf der Welt mehr Manager als Führungspersönlichkeiten.

Die Extrameile gehen

Wenn jeder Einzelne in einer Organisation sich an diesen übergeordneten Zielen ausrichtet, geschehen wundervolle Dinge. In unserem Hotel am Strand von Cancun, Mexiko, stieg einmal ein frisch vermähltes Paar ab, ganz vom Wunsch erfüllt, traumhafte Flitterwochen zu genießen. Doch schon am ersten Nachmittag ereignete sich eine Tragödie. Der frisch gebackene Ehemann verlor seinen Ehering im Sand.

Das Paar war natürlich am Boden zerstört. Der für den Strand zuständige Mitarbeiter beteiligte sich engagiert bei der Suche nach dem Ring. Er beorderte sogar weitere Mitarbeiter an den Strand, damit sie auf Knien den Sand mit Händen durchkämmten. Doch der Ring wurde nicht gefunden. Die junge Ehefrau war völlig aufgelöst. Der Rest des Tages verlief sehr traurig.

Gab es eine kreative Lösung, die noch nicht ausprobiert worden war?

Als es dunkel wurde, wollten die Mitarbeiter nicht einfach mit einem gemurmelten »wie schade« nach Hause gehen. Sie waren erfüllt von den Grundregeln des Unternehmens, besonders vom ersten: *Den Kunden binden! Den Kunden binden!* Vier von ihnen fragten sich, was sie machen konnten, um diese verzweifelten Jungverheirateten zu trösten.

Eine
Organisation
kann es nicht
allen Menschen
jederzeit
recht machen.
Aber
es schadet nie,
es zu
versuchen.

Sie beschlossen eigenverantwortlich, ihre Bevollmächtigung über 2 000 US-Dollar (ich erzählte davon in einem der vorherigen Kapitel) zu nutzen, um in die Stadt zu gehen und vier Metalldetektoren zu kaufen. Im Anschluss daran suchten sie den Strand systematischer als zuvor ab.

Als das junge Paar am nächsten Morgen zum Frühstück herunterkam, wartete an ihrem Tisch der Ehering auf sie.

Sie können sich die Freudenjauchzer vorstellen. Das Paar schrieb enthusiastische Dankesbriefe an die Mitarbeiter, den Hotelgeschäftsführer und sogar an die Geschäftsführung der Ritz-Carlton-Kette; auf diese Weise erfuhr ich von den Geschehnissen. Die Presse nahm die Geschichte auf. Das brachte uns jede Menge gute Publicity ein.

Später ging mir durch den Kopf: Hätten die vier Mitarbeiter ihren Chef um Erlaubnis gebeten, hätte dieser vermutlich den Kauf nur eines Metalldetektors genehmigt, nicht von allen vieren. Aber die vier Mitarbeiter haben sich nicht mit Fragen aufgehalten. Sie wussten, sie waren befugt, die Extrameile zu gehen, um die Gäste davon zu überzeugen, dass dies die besten Hotelkette der Welt ist. Und sie haben die richtige Entscheidung getroffen.

Eine Organisation kann es nicht allen Menschen jederzeit recht machen. Aber es schadet nie, es zu versuchen.

KAPITEL 4

DIE HOHE KUNST, MIT BESCHWERDEN UMZUGEHEN

Haben Sie schon mal gesehen, wie sich auf dem Gesicht Ihres Gegenübers eine Art Totenstarre ausbreitet, wenn Sie dem Kundendienst einer Firma ein Problem schildern oder erklären, dass Sie enttäuscht sind? Die Stimme Ihres Gesprächspartners – falls er überhaupt etwas sagt – wird ganz flach. Er verzieht keinerlei Miene, während er darauf wartet, dass Sie damit fertig sind, Ihre Gefühle zu zeigen. Je schneller er dieser Unterhaltung entkommen kann, umso besser.

Es ist, als ob solche Menschen von der Autoversicherungsbranche geschult worden wären, die ihren Klienten einschärft, nach einem Unfall mit Blechschaden »höflich zu sein, aber *niemandem zu sagen, dass Sie den Unfall verschuldet haben*, selbst dann nicht, wenn Sie denken, es war Ihre Schuld«. (Das ist ein Zitat – mitsamt Hervorhebung – stammt von der Website einer der größten Versicherungen, deren Namen zu nennen ich freundlicherweise unterlassen soll.)

Viele Führungskräfte scheinen zu denken, dass es in schwierigen Situationen am besten ist, zu mauern. Ihnen entgeht dabei, dass in 90 Prozent der Fälle die Kunden nur ihre Frustration loswerden wollen. Sie wollen oftmals gar nichts so Handfestes wie eine Entschädigung. Sie wollen nur wahrgenommen werden. Sie wollen einfach nur die Worte hören: »Es tut mir wirklich leid.«

Die Maus, die zum Elefanten wurde

Vor Jahren lauschte ich einem Wirtschaftsprofessor der Florida International University, der erzählte, wie er mit einem Freund in einem Café frühstückte. Der Kellner brachte ihnen zwei Becher Kaffee. Als der Professor den Kaffee zur Hälfte ausgetrunken hatte, entdeckte er am Boden des Bechers eine tote Maus.

Sofort verlangte er nach dem Manager. »Da ist eine tote Maus im Kaffee«, beschwerte er sich.

»Nein, das ist unmöglich«, widersprach der Manager. »Das kann nicht sein.« Ein Streit brach los. Der Manager wollte die Fakten nicht akzeptieren.

Der Professor verklagte schließlich das Restaurant. Er erzählte diese Geschichte vor Fachpublikum im ganzen Land, wo immer er zu Vorträgen eingeladen war und merkte stets an: »Wenn der Mann sich einfach entschuldigt hätte, hätte ich vielleicht erwartet, dass man mir die Rechnung erlässt, aber ich hätte niemals geklagt. Stattdessen hat er starr auf seinem Standpunkt gepocht. Er hat eine schwierige Situation deutlich verschlechtert.«

Das gegenteilige Beispiel ist das Vorgehen von JetBlue Airways im Februar 2007, als ein Eissturm den Nordwesten traf und die Airline zwang, Tausende Flüge zu canceln. Mehrere Passagiere, die am John F. Kennedy Airport bereits an Bord ihrer Maschine waren, mussten beinah fünf Stunden auf ihren Sitzen ausharren. Bald war das gesamte Luftverkehrsnetz von JetBlue ein einziges Wirrwarr: Piloten warteten auf Flughäfen, an denen die angekündigten Flugzeuge nicht eintrafen, während Flugzeuge in anderen Städten herumstanden, weil die Besatzung fehlte. Es dauerte rund eine Woche, dieses Chaos zu beseitigen.

Die Reisenden waren natürlich empört. »Nie wieder fliege ich mit dieser [Piepton] Airline«, schworen sie einander. Marktbeobachter fragten sich, ob JetBlue sich jemals von diesem empfindlichen Imageschaden wieder erholen würde.

CEO David Neeleman reagierte sofort mit einer ehrlichen Entschuldigung. Er versicherte allen Fluggästen, wie leid es ihm tue, dass ihr Leben so beeinträchtig worden war. Er entschuldigte sich ebenso bei jedem Mitarbeiter für die Frustration und Beschämung, die ihnen entgegengeschlagen war, als sie wütende Kunden zu beruhigen versuchten. Gemeinsam mit seinen Mitarbeitern wandte er sich an jeden Medienkanal. Zudem veröffentlichte er ein Entschuldigungsvideo auf der Firmen-Website.

Die ganze Katastrophe, so Neeleman, kostete das Unternehmen letztendlich rund 30 Millionen US-Dollar, aber er fühlt sich verpflichtet, das Vertrauen sowohl der Fluggäste als auch der JetBlue-Belegschaft wiederzugewinnen. Deshalb wurden Veränderungen vorgenommen. Neeleman und der Vorstand beschlossen, dass Neeleman, ein Visionär, Vorstandsvorsitzender werden sollte, während zum CEO jemand berufen wurde, der eher handlungsorientiert agierte. Aufgrund dieser Reaktion kollabierte JetBlue nicht; die Airline fliegt heute als die sechstgrößte Fluggesellschaft durch den amerikanischen Luftraum.

Sehen Sie, was es bewirken kann, ein bisschen Abbitte zu leisten?

Sinnvolle Taktiken

Ich bin von dieser Methode zur Problemlösung so überzeugt, dass ich einen zweistündigen Kurs in Problembewältigung für alle Ritz-Carlton-Mitarbeiter verpflichtend angesetzt habe. Im Anschluss erhalten sie ein Zertifikat, das belegt, dass sie das Training absolviert haben. Hier sind einige der zentralen Punkte, die wir abdecken:

1. *Versuchen Sie niemals, eine Beschwerde mit einem Lachen abzutun oder einen Witz zu reißen, ganz egal wie lächerlich der Beschwerdenführer auf Sie wirkt.* Halten Sie auch Ihre Gesichtszüge unter Kontrolle. Für die Person Ihnen gegenüber ist dies eine durch und durch ernste Situation.
2. *Wird Ihnen gegenüber eine Beschwerde geäußert, dann nehmen Sie sie an.* Sagen sofort: »Es tut mir leid.« Es ist gleichgültig, ob Sie persönlich das Problem verursacht haben oder nicht. In diesem Moment sind Sie das Gesicht der Firma und sprechen in ihrem Namen.
3. *Sagen Sie nicht »jemand« oder »andere«; sagen Sie stattdessen »ich«.* Es hilft nicht zu sagen: »Hm, da scheint *jemand* gepatzt zu haben.« Übernehmen Sie stattdessen die Verantwortung für den Fehler oder das Missverständnis.
4. *Bitten Sie um Entschuldigung.* Packen Sie den Stier bei den Hörnern und sagen Sie: »Bitte verzeihen Sie mir.« Achten Sie darauf, dass Sie »mir« sagen und nicht »uns«. Nehmen Sie die Verantwortung auf Ihre Kappe. Das trägt viel dazu bei, die Gefühle zu besänftigen. Denn

geäußert,

dann nehmen Sie sie an,

egal ob Sie persönlich das Problem verursacht haben oder nicht.

was soll der Beschwerdeführer daraufhin sagen: »Nein, ich weigere mich, Ihnen zu verzeihen«? Wird er Ihnen einen Boxhieb gegen das Kinn versetzen? Wohl kaum.

5. *Berufen Sie sich nicht auf Direktiven*, wie beispielsweise: »Nun, in unseren Richtlinien steht, dass …« Der empörten Person könnte nichts gleichgültiger sein, was Grundsatz 14, Abschnitt 8, Absatz 3 besagt.
6. *Versuchen Sie nicht, Ihre Expertise zur Schau zu stellen* wie beispielsweise: »Der Grund liegt darin, dass das System darauf eingerichtet ist, bestimmte Signale zu empfangen bla bla bla …« Der Person, die sich beschwert, ist egal, was Sie wissen oder wie das System eingestellt ist; sie will wissen, ob Sie ihren Schmerz nachvollziehen können oder nicht. Sie möchte nur, dass jemand ihre Angst versteht und wahrnimmt. Nehmen wir ein Beispiel aus dem Bereich der Erziehung. Stellen Sie sich vor, eine Mutter kommt zur Schule ihres Kindes und sagt: »Mrs. Schmidt war gestern wirklich unfair zu meiner Kristen. Sie war regelrecht grob. Das war nicht richtig.« Die Rektorin oder andere Verwaltungsmitarbeiter müssen dem Drang widerstehen, ihre akademischen Referenzen aufzutischen, ihre lange Erfolgsbilanz im pädagogischen Management zu referieren oder zu versichern, dass die betreffende Lehrerin sehr qualifiziert ist und die schulischen Herausforderungen stets angemessen bewältigt. Das würde nur die Message senden: »Wir sind hier die Profis, und wir wissen, wie man eine Schule leitet; Sie sind nur eine Mutter.« Denn im Augenblick ist sie eine Bärin, die sich aufrichtet, um ihr Junges zu verteidigen. Sie mag keine Ausbildung in Erziehungs-

wissenschaften haben, aber sie hat Klauen und Zähne. Sie kann die Dinge für alle sehr unangenehm machen, wenn ihr Anliegen nicht einfühlsam behandelt wird.

7. Schließlich: *Gehen Sie nicht davon aus, dass der Beschwerdeführer etwas haben will* (zum Beispiel Geld). Meist will er lediglich wahrgenommen werden. Enttäuschte Menschen möchten die unangenehmen Gefühle loswerden, die sie mit sich herumtragen. Sie möchten, dass ihre Sichtweise respektiert wird. Wenn dies geschieht, sinkt der Blutdruck wieder.

Eine Chance

Ob Sie es glauben oder nicht, aber aus der Frustration eines Kunden oder Klienten kann neue Bindung erwachsen. Was bedeutet Bindung in diesem Zusammenhang? Es ist einfach ein Gefühl von Vertrauen. Jede Beziehung im Leben beginnt mit *Miss*trauen: *Ich kenne dich nicht, und ich weiß nicht, ob du mich nicht über den Tisch ziehen willst.* Wenn alles eine Weile lang glatt gelaufen ist, tritt ein neutraler Zustand ein: *Ich vermute, diese Person oder dieses Unternehmen ist halbwegs anständig. Bislang ist mir niemand in den Rücken gefallen.*

Aber was, wenn zu diesem Zeitpunkt ein Problem auftritt? Was, wenn der Service zu wünschen übrig lässt, es ein Missverständnis gibt oder ein Patzer geschieht? Und was, wenn das Unternehmen schnell Verantwortung übernimmt, sich entschuldigt und es wieder so gut wie möglich in Ordnung bringt?

Der Kunde wird denken: *Sie haben mir wirklich zugehört. Sie haben sich um meine Angelegenheit gekümmert. Sie haben Wiedergutmachung geleistet. Ich vertraue denen.* Das ist die wachsende Kraft, die aus ehrlicher Abbitte und Konsequenz resultiert. Der vorherige Beziehungsstatus wird nicht nur wiederhergestellt, er wird sogar besser im Vergleich zu jenem Zeitpunkt, als das Problem auftrat. Eine neue Bindungt wächst heran.

Diese Bindung ist aber nicht in Stein gemeißelt. Tritt dasselbe Problem im nächsten Monat oder in der nachfolgenden Saison erneut auf, wird sich der Kunde verständlicherweise fragen, ob der bisherige Austausch wirklich ehrlich war. *Vielleicht sollte ich dem Unternehmen doch nicht vollständig vertrauen*, denkt er vielleicht. Das Pendel schwingt zurück zu »neutral«, und das Vertrauen muss erneut gewonnen werden.

Jedes Problem birgt die Möglichkeit, das Vertrauen zu vertiefen oder zu verspielen.

Reputation steht auf tönernen Füßen

Vor einer Weile wollte ich einen Anzug und zwei zusätzliche Hosen in einem der bekanntesten Bekleidungsgeschäfte der USA erwerben, einem Geschäft mit einem sehr guten Ruf für seinen Kundenservice. Ich wählte den Schnitt und die Farben, die mir gefielen. Der Schneider nahm meine Maße und versicherte mir, dass der Auftrag erledigt werden würde.

Als ich wieder kam, um meine Bestellung abzuholen, probierte ich alles an. Der Anzug passte sehr gut. Die

Säume der Hosen fielen auf meinen Spann, so wie sie es sollten. Nur an der Hüfte waren die Hosen etwas zu weit. Der Schneider versprach, dies zu ändern. Als ich eine Woche später wiederkam, um erneut die Hosen anzuprobieren, waren sie immer noch zu weit. Ganz offensichtlich war nichts abgenäht worden.

Ich sagte zum Verkäufer: »Warten Sie einen Moment. Diese Hosen sollten abgenäht werden, aber das ist nicht geschehen. Die Länge ist gut, aber die Hüftweite ist dieselbe wie zuvor.«

Alles, was er sagte, war: »Okay, dann holen wir mal den Schneider.« Es wurde erneut ausgemessen mit dem gleichen Ergebnis wie zuvor.

»Okay, wir kümmern uns darum«, teilte mir der Verkäufer mit. »Das kostet dann 80 US-Dollar für die zusätzlichen Schneiderarbeiten. Kommen Sie nächsten Mittwoch wieder.«

»Was?«, fragte ich. »Sie müssen den Verstand verloren haben, mir das erneut zu berechnen! Ich möchte mit dem Manager reden.« Hielten die mich denn für dumm?

Die Managerin kam, hörte sich meine Geschichte an und entschuldigte sich der Form halber. Sie war einverstanden, mir nichts extra zu berechnen. Aber niemand machte sich die Mühe, mir zu erklären, warum die Arbeit nicht beim ersten Mal erledigt worden war.

Ich erhielt schließlich das Produkt, das ich wollte, aber nach einer Menge unnötigem Hin und Her. Sie können sich jedoch sicher sein, dass ich dort nicht noch einmal einkaufen werden, egal wie gut der Kundenservice angeblich beleumundet ist. Sie hätten mich als Kunden halten können mit einer ehrlichen Antwort, aber das taten sie nicht.

Der Umgang mit Drohungen

Manchmal reicht eine Entschuldigung nicht, um einen verärgerten Kunden zu besänftigen. Sie versuchen Ihr Bestes, um sich in dessen Leiden einzufühlen und den Verlust auszugleichen. Aber der Kunde droht weiterhin, Sie vor Gericht zu zerren.

Nehmen wir zum Beispiel verdorbene Lebensmittel. Ein Kunde sagt vielleicht: »Ich habe gestern Abend bei Ihnen Shrimps gegessen, und davon bin ich richtig krank geworden. Ich war die ganze Nacht wach. Ich werde Sie verklagen!« Die Tatsache, dass am vergangenen Abend sechzig Bestellungen für Shrimps eingingen und niemand sonst krank wurde, wird die Person nicht weiter beeindrucken.

Sie können sich entschuldigen und sagen, dass Ihnen das Unwohlsein wirklich leid tut, doch wenn Ihr Gegenüber Ihnen mit einem Anwalt droht, muss sich der Ton ändern. Antworten Sie: »Nun, in diesem Fall sollten wir uns unterhalten. Sie sollten mit meinen Anwälten sprechen. Ihr Name und die Telefonnummer lauten …«

Dies reicht oft schon, damit Ihr Gegenüber von der Idee wieder Abstand nimmt. Wenn aber eine offizielle Beschwerde von dessen Anwalt eintrifft, leiten Sie sie selbstverständlich an Ihren Anwalt weiter. Von diesem Zeitpunkt an sind Sie aus dem Spiel. Die Rechtsberater übernehmen von nun an und kümmern sich um Schadensbegrenzung.

Oftmals fällt die Beschwerde bei genauerer Betrachtung in sich zusammen. Verhandlungen und außergerichtliche Einigungen werden den Schaden auf ein Minimum reduzieren. Das ist das Wesen der modernen Wirtschaft.

Aber in den meisten Fällen wollen die Menschen, die sich angegriffen fühlen, einfach nur angehört werden. Sie wollen, dass ihnen jemand richtig zuhört und ihnen sagt: »Es tut mir wirklich leid.« Sie möchten, dass ihre Gefühle wahrgenommen und nicht beiseite gewischt werden. Eine sofortige Entschuldigung, vielleicht gefolgt von einem handschriftlichen Brief kann eine wunderbare Wiedergutmachung sein. Und dann kann das Leben weitergehen.

Ich werde nie vergessen, wie mir eines Morgens in der Lobby des Buckhead Ritz-Carlton in Atlanta ein Gast entgegeneilte, der wusste, dass ich der Manager des Hotels war. »Wissen Sie, was gerade passiert ist?« Er schrie förmlich. »Ich habe Ihrem Portier meinen Parkschein gegeben, damit er meinen Wagen aus der Garage holt – und er lässt einen Fremden einsteigen und damit wegfahren!« Alle Menschen in der Lobby verharrten, um diesen lauten Ausbruch zu verfolgen.

Der Hoteldiener war offenbar gestört worden und hatte nicht neben dem Auto gewartet, bis der rechtmäßige Besitzer erschien. Wir standen vor einem Scherbenhaufen.

Unverzüglich erwiderte ich: »Ich bin so beschämt! Bitte verzeihen Sie mir! Wir werden sofort die Polizei rufen. Und wir werden Ihnen ein Ersatzauto besorgen, damit Sie Ihre Verabredungen nicht verpassen.« Das war problemlos zu arrangieren, da eine Autovermietung einen Schalter in unserer Lobby hatte.

Innerhalb von Minuten beruhigte sich der Gast und machte sich auf den Weg.

Bis zum Einbruch der Nacht fand die Polizei seinen Wagen und brachte ihn zurück. Der Gast rief mich am nächsten Tag an und bedankte sich dafür, wie wir das Problem gelöst hatten. Was sich zu einem Public-Relations-Albtraum hätte auswachsen können, fand einen positiven Abschluss.

Beschwerden müssen keine Beschwernisse werden. Mit einer schnellen, aufmerksamen, sensiblen Handhabung lassen sie sich lösen und zum Guten für die Organisation wenden.

KAPITEL 5

DREI ARTEN VON KUNDEN (UND DREI WEGE, SIE ZU VERGRAULEN)

Die Führer von Wirtschaftsunternehmen und von Organisationen sagen oft stolz: »Wir haben einen Bestand von 200 000 Kunden, den wir maximieren können« oder »Wir haben jetzt 3 000 Mitglieder« oder »Wir sind in regelmäßigem Kontakt mit 15 000 Wählern«. Mitunter gehen diese behaupteten Zahlen bis in die Millionen.

Wenn ein Unternehmen verkauft werden oder mit einem anderen fusionieren soll, werden die Kundendaten als wichtiger Aktivposten angesehen, mitunter werden sie sogar als wertvoller betrachtet als der Grundbesitz oder das Inventar. Es gibt da nur ein Problem, und zwar ein großes: Die Menschen in Pittsburgh, Paducah oder Provo sehen sich selbst nicht als Eigentum der Firma! Sie können jederzeit abtrünnig werden. Und genau das tun sie auch.

Von dem Moment an, an dem wir denken, wir besitzen die Kunden, und uns auch so verhalten, nähren wir eine gefährliche Idee.

Drei Arten von Kunden

Jeder Mensch, mit dem wir je ein Geschäft abgeschlossen haben, fällt in eine von drei Kundenkategorien.

Unzufriedene Kunden. Das sind Leute, die das Gefühl haben, über den Tisch gezogen worden zu sein. Sie haben zu viel für ein minderwertiges Produkt gezahlt. Oder vielleicht war der Händler unfreundlich. Auf die eine oder andere Art hat diese Transaktion bei ihnen einen schlechten Nachgeschmack hinterlassen. Von diesem Zeitpunkt an agieren diese Menschen wie Terroristen, die sich gegen Ihr Unternehmen wenden! Sie erzählen ihren Freunden, wie schlecht Ihre Firma sie behandelt hat. Sie meckern in den sozialen Medien. Sie posten online schlechte Bewertungen. Wo auch immer sie hingehen, machen sie Stimmung gegen Ihre Marke.

Zufriedene Kunden. Das sind die Leute, die das Gefühl haben, es ist »okay«. Preis und Leistung waren angemessen. Nichts hat gefehlt. Sollte aber einer Ihrer Konkurrenten ihnen ein besseres Angebot machen, dann wechseln sie ohne zu zögern. Wenn ein anderes Unternehmen ihnen einen Stoffbeutel, Schmuck oder einen strubbeligen Teddybär anbietet, dann werden sie zuschlagen. Sie fühlen sich Ihnen nicht verbunden.

Loyale Kunden. Das sind diejenigen, die Sie zu schätzen gelernt haben (und nicht nur bei Facebook ein »Like« hinterlassen). Aufgrund der Erfahrungen, die sie mit Ihnen gemacht haben, trauen sie Ihnen. Sie erzählen anderen, dass Ihre Firma wirklich gut ist. Sie bleiben Ihnen treu, auch wenn Konkurrenten ihnen Preisnachlässe anbieten. Sie verstehen sich als Teil Ihrer Mannschaft.

Sie verkünden allerdings nicht unbedingt lautstark: »Ich vertraue diesem Unternehmen.« Sie empfinden das eher unterbewusst. Wenn sie Bedarf an dem Produkt oder der Dienstleistung haben, die Sie anbieten, dann wenden sie sich automatisch an Sie. Aber wie ich schon gesagt habe, beruht Bindung auf *kontinuierlicher Leistung.* Auch wenn ein Kunde von Ihnen überzeugt ist, kann er doch

LOYALITÄT
beruht auf
kontinuierlicher Leistung.

Von dem Moment an,
an dem wir denken,
wir besitzen die Kunden,
und in dem wir uns
auch so verhalten,
nähren wir eine gefährliche Idee.

durch eine oder zwei schlechte Erfahrungen von seiner guten Meinung abgebracht werden. Kunden gehören Ihnen nicht, Sie müssen ihr Vertrauen stetig aufrechterhalten und bestätigen, indem Sie konstant liefern, was die Kunden erwarten.

Wie Sie »Ihre« Kunden verlieren

Wenn ein Unternehmen das Vertrauen der Kunden verliert, dann geschieht dies meist auf eine von drei Arten. Die ersten beiden sind subtil, die dritte ist dramatisch.

1. Sie mindern das Markenversprechen

Jede Marke – ob nun hochwertig oder nicht ganz so edel – ist eine Art Versprechen an die Zielgruppe: *Wenn Sie das hier kaufen, bekommen Sie dieses und jenes, und Sie werden damit zufrieden sein.* Dabei ist es egal, ob Sie Mercedes oder McDonald's sind. Kunden bringen bestimmte Erwartungen mit.

Wirft das Geschäft nicht so viel Geld ab wie im letzten Jahr oder Quartal und wird das Budget kleiner, ist die Versuchung groß, die Leistung hier und da ein bisschen zu verringern, in der Hoffnung, dies fiele den Kunden nicht auf. In meiner Branche, in gehobenen Hotels, sagen Manager in solchen Fällen zum Beispiel: »Wir brauchen nicht unbedingt ständig frische Blumen in der Lobby, oder? Das sind Kosten, die wir reduzieren können. Das Klavier dort drüben und der Kerl, der abends immer darauf spielt – wir können darauf verzichten, dessen bin ich mir sicher. Auch bei der Seife auf den Zimmern gibt es Potenzial: Wir können kleinere Seifenstücke verteilen. Und die Handtücher müssen nicht derart flauschig sein, oder?«

Das Widersinnige ist, dass dieser Manager oftmals für seine Kostenreduktionen gelobt wird. Womöglich wird er gar ausgezeichnet als Manager des Jahres. Dann gibt es ein großes Dinner in Abendgarderobe, währenddessen sein lächelndes Gesicht auf einen Bildschirm projiziert wird, und unter Applaus wird er zur Bühne gebeten, um eine Plakette und eine tolle Reise in die Karibik als Preis zu erhalten. *Bravo, bravo!* Warum? Weil er die Kosten reduziert hat. Parallel dazu beginnen die Kunden jedoch, weniger von seinem Haus zu halten. Ihre Erwartungen werden nicht länger erfüllt. Die Marke verliert an Wert.

Unternehmen sind berüchtigt dafür, etwas zu verkünden, das sie euphemistisch »Um-« oder »Restrukturierung« nennen. Oftmals bedeutet dies: »Okay, hört mal alle her, wir reduzieren die Personalkosten um 10 Prozent.« Dann kommt es zu Entlassungen, bei denen wertvolle Erfahrungen und Wissen zur Tür hinaus gefegt werden.

Aber schon bald beginnen die Kunden, sich zu beschweren. Neue Leute müssen eingestellt werden. Der Personalbestand wird wieder aufgefüllt – aber die neuen Mitarbeiter wissen nicht einmal die Hälfte dessen, was den alten selbstverständlich war, und müssen sich erst einarbeiten.

Verstehen Sie mich nicht falsch. Ich bin sehr für Effizienz. Wir müssen das Gehaltskonto nicht unnötig belasten. Aber Effizienz ist etwas deutlich anderes als geistlose Kostenreduktion.

Wenn wir uns wirklich den Grundsatz Nummer eins auf die Fahnen geschrieben haben – Kunden binden – dann sollte der Maßstab für den Manager des Jahres nicht die Kostenreduktion, sondern die Kundenbindung sein. Wie hoch ist der Prozentanteil der Kunden, die sagen, dass sie wiederkommen möchten? Wie hoch ist der Anteil derer, die sagen, sie würden uns ihren Freunden empfehlen? Wie hoch ist der Anteil der Kunden, die die höchste Punktwertung (neun oder zehn von zehn möglichen Punkten) bei der Frage nach ihrer Zufriedenheit vergeben? Das sind die Messwerte, die wichtig sind und die belohnt werden sollten.

2. Sie beginnen, nachlässig zu werden

Es ist sehr einfach, die Dinge nicht mehr mit den Augen der Kunden zu betrachten, dem keine Beachtung mehr zu zollen, was sie sehen. Sie haben es sich so bequem mit Ihren tagtäglichen Aufgaben eingerichtet, dass Ihnen kleine Nachlässigkeiten nicht auffallen.

Sagen wir mal, eine Passagierin nimmt ihren Platz im Flugzeug ein, klappt den Klapptisch herunter, und da ist ein Kaffeefleck. *Kein großes Ding*, denken Sie. Aber durch den Kopf der Passagierin geht Folgendes: *Hm, ich frage mich, was sonst noch alles bei diesem Flugzeug nicht den Standards entspricht. Ob die Triebwerke wohl kürzlich gewartet wurden? Wie steht es mit den Türen, werden sie wirklich geschlossen bleiben in 10 000 Metern Höhe? Werde ich während dieses Fluges sicher sein?*

Vor nicht allzu langer Zeit schaute ich bei einem Reifenhändler vorbei, um einen Kostenvoranschlag für neue

Reifen für mein Auto zu erhalten. Drei Frauen arbeiteten hinter dem Empfangsschalter. Nicht eine von ihnen blickte auf, um mich zu begrüßen. Die Fußmatte vor dem Schalter war schmuddelig. Ja, ich weiß, die Reifen zu wechseln ist eine dreckreiche Angelegenheit. Aber das gilt für den Werkstattbereich. Muss der gleiche Dreck im Empfangsbereich anzutreffen sein? An einer Seite des Raums stand eine Kaffeekanne auf einem Tisch, daneben fanden sich ein paar Pappbecher. Der Geruch nach angebranntem Kaffee waberte durch den Raum. Nein danke!

Ich trat zu den Frauen und sagte: »Ich hätte gern einen Kostenvoranschlag für einen Satz neuer Reifen.« Sie riefen einen Mechaniker herbei, der die Größe der Reifen meines Autos ausmaß und daraufhin einen Preis nannte. Der Preis war akzeptabel. Aber wir kamen trotzdem nicht ins Geschäft. Sechs Monate später kaufte ich die Reifen bei einem Händler, dessen Laden gepflegter war und bei dem ich als menschliches Wesen behandelt wurde, das man auch wirklich bedienen wollte.

Der erste Anbieter machte den Fehler zu denken, er wäre halt nur im Reifen-Business tätig. Nein, ist er nicht. Seine Firma fertigt die Reifen ja nicht selbst, das machen Unternehmen wie Pirelli, Michelin oder Firestone. Der einzige Mehrwert, den dieser Händler bietet, ist das Anmontieren der Reifen, die er bei einem Großhändler erwirbt.

In einem Lebensmittelgeschäft achten die Kunden darauf, wie schnell die Kassenschlange vorankommt. Während sie warten, haben sie Zeit, einen Blick auf den Boden zu werfen und zu sehen, wie sauber er ist. Ich wage zu behaupten, dass dies für den durchschnittlichen Ladenbesucher genauso wichtig ist wie das Sparen von 5 Cent pro Dose Bohnen. Es beeinflusst, ob die Kunden nächste Woche den Laden wieder aufsuchen oder nicht.

3. Sie beginnen, arrogant zu werden

Gewinnt ein Kunde den Eindruck, dass wir dächten, wir wären etwas Besseres als er, wird er auf der Ferse kehrtmachen. Ein Freund berichtete mir von seinem Einkaufserlebnis in einem der bekannten Elektronikläden. Er brauchte einen neuen Router für sein Heimnetzwerk, wusste aber nicht, welchen er kaufen sollte oder wie viele zusätzliche Features er benötigte.

»Der Verkäufer, an den ich mich wandte, sah aus wie neunzehn oder zwanzig«, erzählte mein Freund. »Ein totaler Geek, völlig zu Hause im Computerjargon und eindeutig total gelangweilt davon, einen ignoranten alten Kauz wie mich zu beraten. Die Wahrheit ist, ich kenne mich durchaus aus; ich nutze täglich Computer beruflich, und ich bin kein Neuling, was die Technologie angeht. Aber ich bin offensichtlich nicht so beschlagen wie dieser junge Kerl, der dieses Zeug isst, einatmet und damit einschläft. Und seine ganze Haltung zeigte dies.«

Als ich als junger Mann ganz frisch in den USA war, arbeitete ich als Kellner in einem französischen Restaurant in San Francisco. All die anderen Kellner schienen Franzosen zu sein; ich war der einzige Deutsche. Untereinander zogen sie herablassend über die Gäste her, die nicht einmal wüssten, wie man »richtig mit Messer und Gabel umgeht«. Der Pariser Benimm wäre der einzig richtige, und diese unkultivierten Amerikaner hatten überhaupt keine Ahnung davon.

Ich konnte diese Arroganz darin ablesen, wie sie sich den Tischen näherten. Es verstieß gegen alles, was ich Jahre zuvor von meinem ersten Maître d' gelernt hatte, als ich noch ein Teenager war. Zahlten diese Gäste nicht die Rechnungen, wodurch unser Gehalt hereinkam? Wollten wir nicht, dass sie wiederkamen und bei weiteren Besuchen mehr Geld ausgaben?

Das Essen in diesem Restaurant war exzellent, das kann ich Ihnen versichern. Der Koch und sein Team wussten genau, was sie taten. Die Einrichtung war elegant. Dennoch ging das Restaurant innerhalb eines Jahres bankrott. Die Menschen spürten die feindselige Atmosphäre und kamen kein zweites Mal. Eleganz ohne Wärme ist Arroganz.

Vor nicht allzu langer Zeit mussten wir schockiert erfahren, dass eine der führenden Banken der USA dabei erwischt worden war, ohne die Zustimmungen von Kunden zusätzliche Kreditkarten- und Gehaltskonten eingerichtet zu haben, sodass zusätzliche Gebühren erhoben und die Sollvorgaben für den Verkauf erfüllt werden konnten. Das ist unglaublich! Wie können sie es wagen?

»Das Problem«, so ein Wirtschaftsprofessor der renommierten Wharton School der University of Pennsylvania, »ist entweder unverfrorener Betrug auf höchster Ebene oder eine umfassende Bankrotterklärung des Führungssystems von Wells Fargo ... Die Idee [sprich: die Rechtfertigung], die das Management von Wells zunächst vorbrachte – dass es da nur einige wenige schwarze Schafe gegeben hätte – ist nicht überzeugend.« Einer seiner Kollegen von derselben Fakultät fügte hinzu: »Vor dieser Krise war Wells die wertvollste Bank der Welt. Seitdem ist das Kurs-Buchwert-Verhältnis um 31 Prozent gefallen. Obendrein hat Wells Marktanteile an andere Banken abgeben müssen, die nicht in den Skandal verwickelt waren.«[1]

Das ist ein Paradebeispiel einer arroganten und raffgierigen »Optimierung« der Ausgaben (Grundregel Nummer drei) auf Kosten von Grundregel Nummer eins (»den Kunden binden«). Am Ende verlieren alle.

Begrenzter Nutzen von Treuepunkten

Bevor wir zum Ende kommen, müssen wir noch eine weitere Taktik in den Blick nehmen. Es ist heute üblich, dass Unternehmen versuchen, die Kundenbindung zu steigern, indem sie Kunden zu exklusiven Zirkeln einladen. Vor mehreren Jahrzehnten haben Fluggesellschaften den Anfang gemacht, indem sie ihren Gästen anboten, »Meilen zu sammeln«, um einen freien Flug zu erhalten. Seitdem hat jedes Unternehmen, vom Schnellimbiss bis zum Heimwerkermarkt, etwas Vergleichbares in petto.

Es ist grundsätzlich nichts verkehrt daran, solange Sie sich nicht selbst betrügen und denken, diese Kundenkarteninhaber »gehörten« Ihnen. Nein, tun sie nicht – nicht einmal dann, wenn sie bereit sind, 59 US-Dollar zusätzlich pro Jahr zu zahlen, um Mitglied des exklusiven Kundenzirkels zu werden. Die im November gezahlten Gebühren sind bei einer Anschaffung im April lang vergessen. Wenn die Kunden Ihr Produkt oder Ihre Dienstleistung nicht lieben, werden sie kein weiteres Geld ausgeben, nur um Treuepunkte zu sammeln.

Außerdem ist der Reiz des Neuen längst vorbei. Heute »nimmt der durchschnittliche amerikanische Haushalt an bis zu 28 Kundenprogrammen teil«, so die Zeitung *The Economist*. »Mehr als die Hälfte dieser Konten bleibt ungenutzt … Sie sind so verbreitet, dass sie letztlich nur wenig Treue erzeugen.«[2] Zudem: Wollen Sie wirklich 28 verschiedene Plastikkarten in Ihrer Brieftasche mit sich herumschleppen?

Einmal nahm ich an einem Managementmeeting einer Firma teil, die eine leicht rückläufige Kundenbindung registrierte. Die Reservierungen gingen zurück. »Was wollen wir dagegen tun?«, wollte der Boss wissen.

Postwendend kam die Antwort: »Lasst uns das Punktesystem neu gestalten.« Mit anderen Worten: Sie dachten, wenn sie den Kunden nur einfach ein paar Punkte mehr gaben bei der Nutzung ihrer Einrichtung, würden die Reservierungen wieder steigen.

Niemand dachte darüber nach, das Kernprodukt zu verbessern. Nach einer Weile trat ich an das Flipchart und zeichnete eine Tasse. »Das Wasser in dieser Tasse sind Ihre gegenwärtigen Abschlüsse, die durch Kunden reinkommen«, sagte ich. Dann fügte ich ein paar Tropfen hinzu, die aus dem Boden der Tasse austraten. »Was sind diese Tropfen? Unzufriedene Kunden. Es gibt offenbar Dinge, die sie nicht mögen, also wenden sie Ihnen den Rücken zu. Vielleicht sollten wir darüber reden, was meinen Sie?«

Wenn das Produkt an sich den Kunden nicht bei der Stange hält, dann gibt es nichts anderes, das das tut. Wenn die Gasterfahrung den Kunden nicht überzeugt, wiederzukommen, dann müssen wir uns fragen, woran das liegt.

Die Loyalität von Kunden wird nicht durch Extrapunkte, Gimmicks oder Goodies gefestigt. Sie wird vielmehr vertieft durch die Erfüllung der Kundenerwartungen, und zwar bei jedem Kontakt mit uns. Von der Konkurrenz heben wir uns ab, indem wir zuverlässig das liefern, was die Kunden am dringendsten wollen, während die Kunden gleichzeitig überzeugt sind, dass sie genau das bei uns erhalten. Nur dann werden sie sich weiterhin dafür entscheiden, uns das Privileg zu gewähren, mit ihnen Geschäfte zu machen.

TEIL II

DIE MITARBEITER EINBINDEN

KAPITEL 6

MEHR ALS EIN PAAR HÄNDE

Stellen Sie sich vor, Sie würden einen Farbenhandel, einen Gartenpflegeservice oder ein Fremdenverkehrsbüro betreiben. Nun stellen Sie sich die Arbeitsstätte um Mitternacht an einem Donnerstag vor. Da steht der Kopierer, leise und dunkel bis auf das kleine grüne Betriebslämpchen. Jeder Stuhl im Raum ist leer. Draußen vor dem Fenster stehen die Firmenwagen still im Mondlicht, alle gut abgeschlossen. Sie haben all diese Gegenstände gekauft (oder geleast), um die Bedürfnisse Ihrer Firma zu befriedigen.

Was fehlt?

Ganz klar: Ihre Belegschaft. Diese verbringt natürlich nicht die Nacht im Büro, geduldig auf Ihre nächste Anweisung wartend. Die Leute sind nach Hause zu ihren Familien und Freunden gegangen, sie kümmern sich um die Sachen, die zu ihrem aktiven Leben außerhalb Ihrer Firma gehören. Sie haben Kinder, die sie versorgen, Ehepartner, mit denen sie reden, sie müssen Gemüse kaufen, TV-Sendungen sehen, Telefonanrufe und Textnachrichten beantworten und hundert weitere Dinge erledigen. Zudem – zu dieser Stunde – benötigen sie ihren Schlaf! Erst nach Sonnenaufgang am Freitag wird ihre Aufmerksamkeit wieder Ihnen gehören.

Nun sagen Sie vielleicht zu sich selbst: *Ja, nun, natürlich.* Aber wie oft rutschen Geschäftsführer in ein Denken hinein, in dem menschliche Wesen kaum mehr als Funktionserfüller darstellen – Körper, die angeheuert wurden, um bestimmte Dinge zu tun – und sonst nichts? Sie dienen keinem größeren Zweck als der Stuhl oder der Kopierer, insofern sind sie taktisch nützlich, aber das ist es dann auch.

Henry Ford war ein brillanter Ingenieur, der unter anderem Anerkennung verdient für die Perfektionierung der modernen Fertigungsstraße. Während andere Autos Stück für Stück von einem oder vielleicht ein paar Facharbeitern zusammengefügt wurden, stellte Ford sich vor, wie es wäre, wenn entlang eines langen Fließbands Arbeiter ausschließlich bestimmte Teile anmontierten, während das Chassis langsam an ihnen vorbeizog. Ein Geniestreich, keine Frage.

Aber dies wirkte sich entmenschlichend auf die Arbeiter aus. Über diese Frage hat Ford offenbar kaum nachgedacht. Es heißt, dass er sich einmal über seine Personalabteilung beschwert hätte: »Warum hängt eigentlich an jedem Paar Hände, das ich brauche, immer ein Gehirn dran?«[1] Zudem wertschätzte er ebenfalls die Individualität eines jeden Kunden nicht besonders. Deshalb wird er mit den Worten zitiert: »Jeder Kunde kann sein Auto in der gewünschten Farbe haben, solange dies Schwarz ist.«[2]

Wenn wir eine betriebliche Aufgabe innerhalb eines Ablaufs ausmachen und dann nach einem atmenden Körper suchen, um diese Funktion zu erfüllen, dann agieren wir kurzsichtig. Dann behandeln wir *Menschen* wie ein weiteres *Ding*. Ich bin überzeugt davon, dass dies nicht einfach nur eine veraltete Denkweise, sondern sogar unmoralisch ist. Dies ignoriert die gottgegebenen Fähigkeiten und den Wert von Menschen. Es depersonalisiert sie, reduziert sie auf die Ebene von Betriebsbedarf.

Jenseits des Taylorismus

Ob wir es wollen oder nicht, auch heute noch sind Reste dessen vorhanden, was als Taylorismus bezeichnet wird, benannt nach dem Industrieingenieur Frederick W. Taylor (1856–1915), der sagte, um Massenproduktion effizient zu gestalten, brauche ein Betrieb ein paar Leute (eher wenige), die *denken*, und andere (die Mehrheit), die arbeiten.[3] Die schlauen Leute planen die Abläufe und sagen den anderen, was zu tun ist, damit die Dinge reibungslos und zügig vonstatten gehen können. Ob die Arbeiter einen Wert im fertigen Produkt erkennen oder ob sie es überhaupt zu sehen bekommen, gehört nicht zur Sache. Das Ziel, so Taylor, ist, den Betrieb am Laufen zu halten.

Viele Bosse zitieren Taylor heute nicht mehr, aber sie agieren im Sinne seiner Philosophie, indem sie so etwas sagen wie beispielsweise: »Wir müssen in eine Richtung ausgerichtet sein.« Denn was meint das eigentlich? Meist meint es: »Ich bin der Anführer, und ihr habt hinter mir zu stehen. Tanzt nicht aus der Reihe.«

Wesentlich besser ist es, einem potenziellen Mitarbeiter zu sagen: »Wollen Sie wissen, worum es in dieser Firma geht? *Wir wollen die Besten in unserer Kategorie werden.* Das ist unser Ziel. Das ist letztendlich das, wovon wir träumen. Wir blicken drei Jahre in die Zukunft, und zu diesem Zeitpunkt wollen wir an erster Stelle in dieser Stadt stehen. Um dies zu erreichen, teilen wir diese Überzeugungen. Das macht uns aus. Kannst du mit diesem Ziel etwas anfangen? Willst du uns helfen, es zu erreichen? Es wird für uns alle eine Menge Arbeit sein. Aber es wird großartig werden.«

Wenn die Person Ja sagt, können wir fortfahren: »Für dich persönlich bedeutet dies: Respekt, Anerkennung, Möglichkeiten, die Chance, dir einen Ruf in der Branche zu erwerben und natürlich auch Geld. Alles Gute auf einmal.«

Wenn der Bewerber andererseits spürt, dass er diese Arbeit nicht wirklich mögen wird, dass er lieber in einer anderen Branche arbeiten oder lieber in einem anderen Teil des Landes leben würde, dann wäre es unbesonnen, ihn einzustellen, egal wie überzeugend sein Lebenslauf klingt.

Die Herausforderung besteht darin, eine Vision zu entwerfen und dann atmende, lebendige Menschen zu finden, die an ihrer Verwirklichung teilhaben wollen. Die ist vielleicht die wichtigste Strategie, die ein Manager verfolgen kann. Das ist sehr viel gewichtiger, als einen Stapel Bewerbungen durchzugehen und ein paar herauszupicken, die auffallen, um mit ihnen dann offene Stellen zu besetzen. Wenn Sie Leute einfach nur einstellen, um die laufenden Aufgaben abzuhaken, egal ob es sich dabei um die Herstellung von Würsten oder das Einchecken von Hotelgästen geht, dann ist das schlechte Führung.

Wir sollten heute Adam Smith noch einmal lesen, den schottischen Ökonomen, der vor allem für sein Buch *Der Wohlstand der Nationen* im Gedächtnis geblieben ist. Er selbst fand jedoch sein früheres Buch *Theorie der ethischen Gefühle* (1759) wichtiger. Eine der brillanten, wenn auch unkonventionellen Einsichten dieses Buches ist, dass Menschen sich nicht mit *Befehlen und Anweisungen* identifizieren können, sondern mit *Motiven und Zielen*.

Ich denke, Smith liegt damit genau richtig. Arbeitnehmer reagieren mit Begeisterung auf Motive und Ziele. Sie ertragen – erdulden – Befehle und Anweisungen lediglich. Und trotzdem: Was erteilen wir Führungskräfte auch heute noch, fast drei Jahrhunderte später?

Während der Großen Depression, als die Arbeitslosigkeit bei 25 Prozent lag, waren unsere Großväter gezwungen, den Mund zu halten und jeden Job anzunehmen, weil sie dringend Arbeit benötigten. Doch wir leben nicht mehr in den 1930er Jahren. Männer und Frauen haben heute ein besseres Gespür dafür, was sie von einem Job wollen. Das Problem ist, dass manche Bosse noch im Denken jener Zeit feststecken. Denn sie haben dies von den Managern jener Ära gelernt.

Ich erinnere mich an einen bestimmten Hotelmanager in Hongkong, der dabeistand, als ich mit seiner Room-Service-Mannschaft sprach. Ich sagte Dinge wie: »Sie haben Handlungsfreiräume. Ich möchte, dass Sie mir sagen, was falsch läuft, damit wir es korrigieren können. Was können wir in diesem Hotel verbessern? Sprechen Sie mit mir über diese Dinge!«

Am Ende des Meetings sagte der Manager: »Verzeihen Sie mir, Mr. Schulze, ich kündige.«

Ich war überrascht. »Warum?«, fragte ich. »Wo liegt das Problem?«

»Sie erlauben den Mitarbeitern, frei heraus zu sprechen«, antwortete er geradeheraus. »Aber ich bin der Boss, nicht die.« Am Ende der Woche ging er tatsächlich.

Wir müssen uns und unseren Führungskollegen aus dieser Denkungsart heraushelfen. Mitarbeiter sind keine Automaten, die wir programmieren, damit sie bestimmte Funktionen erfüllen. Wenn wir einem Mitarbeiter oder

Mitarbeiter reagieren mit Begeisterung auf **Motive** und Ziele.

Sie ertragen – erdulden – **Befehle und Anweisungen** lediglich.

einem Bewerber gegenüberstehen, müssen wir uns bewusst machen: *Er ist genauso, wie ich es früher war. Er möchte von einer Vision inspiriert werden.*

Wertschätzung, aber keine Kompromisse

Meine Aufforderung, die Menschlichkeit der Mitarbeiter zu würdigen, ist in gewisser Weise das Echo dessen, was Gott Moses auftrug, den damaligen Israeliten mitzuteilen: »Du sollst deinen Nächsten lieben wie dich selbst.«[4] Jesus nannte dies später das zweitwichtigste Gebot.[5]

Manche beziehen dies auf die Ehe, indem sie sagen: »Dein Mann/deine Frau ist dir am nächsten.« Ja, das stimmt, aber Mitarbeiter stehen uns auch ziemlich nah. Wir arbeiten mit ihnen jeden Tag zusammen. Wenn das Geschäft hektisch wird, verbringen wir mitunter mehr Zeit mit ihnen als mit den Mitgliedern unserer Familie. Diese Leute verdienen unseren Respekt und unsere Wertschätzung, sogar unsere Liebe.

Das bedeutet aber nicht, dass wir sie mit Samthandschuhen anfassen oder Kompromisse machen, was unsere Standards angeht. Manchmal wird *Liebe* als Nachgiebigkeit missverstanden. Wenn wir die Standards lockern für einen Mitarbeiter, wenn wir unterdurchschnittliche Leistung akzeptieren oder das Fernbleiben von der Arbeit ohne Begründung erlauben, werden die anderen Mitarbeiter zu Recht empört sein – und mit ihnen die Eigner – Anteilsinhaber – der Firma.

Die Zielvorgaben eines Unternehmens dienen allen –

den Eignern, den Arbeitnehmern, der Gesellschaft. Das verlangt von uns, konsequente Entscheidungen zu treffen, wenn jemand die Vorgaben nicht erfüllt und – nachdem er darauf angesprochen wurde – sich nicht zusammenreißt. Wir müssen nicht fürchten, nicht geliebt zu werden, wenn wir unseren Mitarbeitern hohe Standards abverlangen.

Die gut geölte Organisation

Was ist nötig, damit ein Unternehmen reibungslos läuft und seine Zielvorgaben erfüllt? Wie werden Träume wahr in der Wirtschaftswelt?

Erlauben Sie mir, dies an einem schlichten Diagramm zu zeigen:

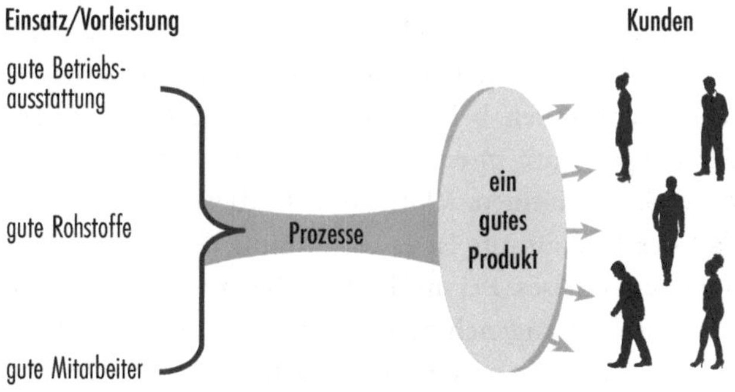

Starten wir links mit den drei grundlegenden Voraussetzungen: gute Betriebsausstattung, gute Rohstoffe und gute Mitarbeiter.

Sagen wir mal, Sie führen ein Restaurant für Fisch und Meeresfrüchte. Zuallererst brauchen Sie eine gut ausgestattete Küche. Sie benötigen Herdplatten und Öfen, die einwandfrei funktionieren, die auf die richtige Temperatur erhitzen, die leicht zu kontrollieren, die zuverlässig sind.

Zweitens brauchen Sie frischen Fisch für die Zubereitung. Wenn Sie Lachs auf der Karte anbieten, wollen Sie den besten Lachs, den Sie finden können. Das Gleiche gilt für jeden anderen Fisch, den Sie anbieten.

Drittens brauchen Sie Köche, die wissen, wie sie mit der vorhandenen Küchenausstattung Lachs, Forelle und Mahi-Mahi perfekt zubereiten. Sie benötigen Servicepersonal, das effizient arbeitet und höflich zu den Gästen ist. Sie brauchen einen sympathischen Empfangschef beziehungsweise eine sympathische Empfangschefin am Eingang.

Diese drei Dinge sind wesentliche Voraussetzungen für Ihr Restaurant. Und sie müssen wie ein Uhrwerk ineinandergreifen bei den *Prozessen* – beim Erledigen der Dinge –, um in ein hervorragendes *Produkt* für die *Kunden* zu münden. Worin besteht dieses Produkt? Im Fall des Restaurants ist es die Summe des genussvollen Speiseerlebnisses. Bei mir im Hotelbusiness ist es eine erholsame und angenehme Übernachtung. In Ihrer Branche wird es etwas anderes sein. Aber das Prinzip ist stets das Gleiche.

Jeder Fehler, jedes Defizit, jede Unterbrechung innerhalb der gesamten Kette wird das Produkt beschädigen und den Kunden enttäuschen.

Auf den verbleibenden Seiten dieses Kapitels möchte ich mich auf den dritten Punkt konzentrieren: das Finden der richtigen Mitarbeiter. Wir können nicht einfach irgendwen einstellen. Wenn der Druck groß ist, fällen Führungskräfte manchmal Entscheidungen, die sie hinterher bereuen. Wenn der Bewerber von einem Ende des Raumes zum anderen gehen kann, ohne betrunken umzukippen, wird er engagiert. Es zeigt sich in der Regel sehr schnell, dass dies keine besonders gute Idee war.

Jim Collins, der gefeierte Autor von *Der Weg zu den Besten*, hat vollkommen recht, wenn er uns mit Busfahrern vergleicht. »Führungskräfte, die für Unternehmen arbeiten, die auf dem Weg von gut zu hervorragend sind, starten nicht mit ›wohin‹, sondern mit ›wer‹«, schreibt er. »Sie beginnen, indem sie die richtigen Leute an Bord des Busses holen, die falschen hinausschicken und dafür sorgen, dass die richtigen Leute auf den richtigen Plätzen sitzen.«[6]

Wie aber wissen wir, wer an Bord unseres »Busses« gehört und wer welchen »Sitz« (Aufgabenbereich) bekommen sollte? Reicht es, den Background der Leute zu prüfen und ihre Referenzen anzurufen? Oder müssen wir mehr tun?

Eine Kardinalsregel: nicht einfach einstellen – sondern *auswählen!*

Bevor Sie ein Stellenangebot veröffentlichen, nehmen Sie sich etwas Zeit, darüber nachzudenken, welche Art von Person diesen Job erfolgreich und sogar freudvoll ausfüllen könnte. Wer würde morgens aufstehen und das wirklich *wollen*? Was für eine Persönlichkeit würde dieser Mensch haben?

Ich wusste nicht so recht, wie ich das anpacken sollte, also suchte ich mir Hilfe. Die Firma, die ich engagierte – Talent Plus in Lincoln, Nebraska –, erwies sich als unbezahlbar. Zum Beispiel erörterten sie die Frage »Was macht einen guten Portier aus?« mit unseren besten Portiers und kamen zu dem Ergebnis, dass sie alle gern draußen arbeiten! Schneetreiben stört sie überhaupt nicht. Als wir sie nach ihren Hobbys fragten, antwortete eine erstaunlich hohe Anzahl: »Gartenarbeit.« Wenn ich diese Mitarbeiter in einen fensterlosen Raum voller Computer gesteckt hätte, wären sie unglücklich gewesen.

Schnell hatten wir für jede Jobkategorie sogenannte Erfolgsprofile entwickelt. Wir begannen, Bewerber für den Zimmerservice zum Beispiel zu fragen: »Wie fühlen Sie sich, wenn Sie nach einer Party aufräumen?« Klingt sinnvoll, nicht wahr? Wenn jemand es von sich aus mag, das eigene Zuhause sauber zu halten oder hinter anderen herzuräumen, wird er auch damit zurechtkommen, Hotelzimmer zu reinigen.

Bei der Besetzung der Rezeption achteten wir auf das Auftreten der Bewerber. War es ihnen wichtig, gegenüber Fremden ihr Bestes zu geben? Wir wollten außerdem wissen, ob sie Erfahrung mit der Lösung von Konflikten hatten. »Können Sie andere aufheitern?«, erkundigten wir uns. »Wie reagieren Sie darauf, wenn sich jemand über etwas ärgert?«

Für Vertriebsleute (in unserem Fall jene Menschen, die versuchen, Buchungen für Konferenzen, Hochzeitsempfänge, politische Empfänge und Ähnliches zu ergattern) setzten wir Konkurrenzdenken als Maßstab an. »Waren Sie je Teil einer Siegermannschaft?«, wollten wir wissen. Wir achteten ebenso auf Überzeugungskraft, zum Beispiel indem wir fragten: »Mögen Sie es, Menschen dazu zu bringen, etwas zu tun, das sie eigentlich nicht wollen?« oder »Wie gewinnen Sie die Aufmerksamkeit von anderen?« Zudem interessierten wir uns für Selbstdisziplin. »Können Sie viele Dinge zur gleichen Zeit im Blick behalten?«, erkundigten wir uns.

Es gab eine Menge Bewerber, die auf den ersten Blick vielversprechend wirkten, sich jedoch letztlich nicht für den Job eigneten, um den es uns ging. Sie waren nicht geeignet für den »Platz im Bus«. Wir mussten sorgfältig *auswählen.* Sogar um einen guten Tellerwäscher zu finden, mussten wir im Durchschnitt zehn Leute befragen.

Aber der Lohn der Mühe zeigte sich, als die Arbeitskräftefluktuation dramatisch zurückging. In der Hotel- und Restaurantbranche kann die Rate bis zu 120 Prozent im Jahr betragen, wenn Leute feststellen, dass sie diese Art von Arbeit nicht mehr machen wollen. Wir konnten unsere Wechselrate auf rund 20 Prozent senken. Und zwar nicht, weil wir mehr zahlten. Wir waren nie tarifgebunden – wir hatten zwar ein paar gewerkschaftlich organisierte Häuser übernommen, aber wir waren nie gezwungen, diesen Weg einzuschlagen. Wir wählten lediglich die Leute sorgfältig aus, und sie blieben bei uns, weil sie ihre Tätigkeit mochten. Sie entsprach ihrer Persönlichkeit. Aufgrund dessen wandert auch ihre wertvolle Erfahrung nicht einfach ab. Und das hat zum Ergebnis, dass wir eine

Menge Zeit und Geld sparen, weil wir nicht immer wieder neue Leute einarbeiten müssen.

Keine Notlösungen!

Wie schon erwähnt, kann Eile ein gefährlicher Saboteur sein. *Bis Montag muss ich jemanden einstellen!*, sagen wir uns. Aber viel zu häufig ist die Person, die wir unter Druck engagieren, um eine Leerstelle zu füllen, nicht dafür geeignet. Der anfängliche Seufzer der Erleichterung wandelt sich im Laufe der Zeit in ein Stöhnen.

Ich werde es immer bedauern, dass ich mich habe hetzen lassen in dem Jahr, in dem wir unglaublich umtriebig waren, weil wir elf neue Hotels eröffneten. Für jedes Hotel musste ich einen Geschäftsführer einstellen. Intern konnte ich nicht ausreichend geeignete Kandidaten finden, deshalb entschied ich mich letztlich für zwei Männer, mit denen ich in einem anderen Unternehmen gearbeitet hatte; sie waren alte Freunde von mir.

Wir hatten viel Gutes miteinander erlebt. Beide waren exzellente Leute, aufrichtig und tüchtig. Ich ließ prüfen, ob sie dem »Erfolgsprofil« für Geschäftsführer entsprachen. Zu meiner Bestürzung passten sie beide nicht.

Darüber debattierte ich mit den Leuten von Talent Plus in Nebraska. »Ich bin diesmal nicht glücklich mit Ihrer Auswertung«, sagte ich. »Ja, ich weiß, normalerweise haben Sie recht, aber ich glaube, diesmal haben Sie etwas übersehen. Ich kenne diese Männer gut. Sie müssen da einen Fehler gemacht haben.«

Ich hatte das Unternehmen strikt angewiesen, dass niemand angestellt wurde, der nicht diese Befragung durchlaufen hatte. Aber ich war der Boss. Ich konnte meine eigenen Regeln brechen, wenn ich wollte. Also nahm ich meine beiden Freunde unter Vertrag.

Leider muss ich gestehen, dass ich beide zwei Jahre später wieder entlassen musste. Das war sehr schmerzhaft. Ich hatte alles getan, um sie zu halten. Am Ende rief ich sogar beide jeden Morgen an, um zu fragen: »Was willst du in dieser oder jener Frage unternehmen? Hast du darüber nachgedacht? Wenn dieses und jenes passiert, wie willst du den Schaden begrenzen?« Es war alles vergebens.

Ich hatte schlaflose Nächte wegen dieser beiden. Doch letztendlich musste ich zum Schutz des Konzerns etwas unternehmen. Ich war meinem »Bauchgefühl« gefolgt, statt eine gewissenhafte, datenbasierte Entscheidung zu treffen. Auch Jahre später noch nagt dies an mir.

Wer ist schuld?

In solchen Situationen ist es einfach, alles auf den Mitarbeiter zu schieben, der entlassen werden muss. »Joe hat es einfach nicht hinbekommen«, heißt es dann. Die Führungskraft fährt dann meist Beispiele auf, um zu zeigen, was Joe getan oder nicht getan hat, um ihn in einem schlechten Licht dazustehen zu lassen.

Aber die Frage lautet: *Welcher Dummkopf hat Joe anfangs eingestellt*? War Joe überhaupt die richtige Wahl für diesen Job? Falls er es tatsächlich war: Was hätten wir besser machen können, damit er hätte erfolgreich sein können? Was haben wir versäumt? War es wirklich allein seine Schuld?

Wenn wir Leute sorgsam auswählen und gründlich trainieren (darum geht es in den nächsten beiden Kapiteln), sollten solche misslichen Momente nur noch punktuell auftreten. Wir werden mehr Momente purer Freude erleben, weil wir von Mitarbeitern umgeben sind, die in ihrer Arbeit aufgehen und wertvolle Beiträge liefern.

Ich erinnere mich, wie ich vor ein paar Jahren Eby – er war aus Kenia geflohen – an seinem ersten Tag als Tellerwäscher kennen lernte. Ich war nicht direkt an seiner Einstellung beteiligt gewesen. Mein Küchenmanager hatte gute Arbeit geleistet mit seiner Entscheidung. Ein paar Tage später durchquerte ich die Küche und sah Eby erneut. »Guten Morgen, Sir«, rief er mir zu. Als ich zurückgrüßte, konnte ich gar nicht anders als festzustellen, wie sauber er aussah trotz seiner dreckreichen Aufgabe.

Ein paar Wochen später sah ich Eby wieder. »Guten Tag, Sir! Wie geht es Ihnen heute?« Wieder war seine Arbeitskleidung tipptopp. Sogar seine Schuhe waren poliert.

Meine Neugier war geweckt. Ich bat den Manager: »Erzählen Sie mir von Eby. Arbeitet er gut? Er sieht immer so blitzsauber aus.«

»Mr. Schulze, er erledigt mehr als jeder andere hier. Er ist einfach ein stolzer junger Mann. Er wechselt seine Arbeitskleidung zweimal am Tag!«

Dieser junge Kenianer hatte sich, in dem was er tat, der Exzellenz verschrieben, sogar in dieser niedrigen Jobposition.

Relativ bald sagte der für den Room-Service zuständige Manager: »Ich hätte ihn gern als Kellner.« Eby verließ seinen klitschnassen Arbeitsplatz, um von nun den Gästen Speisen auf ihren Zimmern zu servieren und dafür Trinkgeld zu bekommen.

Dann sagte der Bankettmanager: »Ich brauche einen neuen Bankett-Mitarbeiter. Kann Eby bei mir einsteigen?«

Er machte weiter seinen Weg nach oben bis zu dem Punkt heute, da dieser Bursche der Hotelmanager des Ritz-Carlton in Downtown Atlanta ist.

Ich gebe zu, nicht jeder ist so aus sich heraus motiviert wie Eby. Aber lassen Sie uns ehrlich sein: Nur sehr wenige Leute kommen zur Arbeit, um negativ zu sein oder einen schlechten Job zu machen. Leute wollen zu einem Ziel beitragen. Wenn wir sie einladen, teilzuhaben, eine Position einzunehmen, die zu ihnen passt, dann blühen ihre Fähigkeiten auf. Wir haben sie nicht einfach aus dem Regal gegriffen, um mit ihnen eine Lücke zu füllen. Wir haben sie nie – nicht einmal unbewusst – wie ein Teil des Inventars behandelt. Im Gegenteil: Wir haben sie als menschliche Wesen kennen gelernt und sorgsam ihre persönlichen Interessen mit einem Set an Aufgaben abgestimmt, das sie mit Energie erfüllt. Die Konsequenz: Sie werden zu exzellenten Mitarbeitern für eine lange, lange Zeit, wovon nicht nur sie persönlich profitieren, sondern im gleichen Maße das Unternehmen.

KAPITEL 7

FIRST THINGS FIRST

Nachdem Sie nun die Schwerstarbeit hinter sich haben, herauszufinden, welche Art von Persönlichkeit in einer bestimmten Position Erfolg haben wird, Bewerbungsgespräche mit einer Reihe von Kandidaten geführt und schließlich die richtige Person *ausgewählt* (nicht einfach eingestellt) haben, ist es an der Zeit, sie zur Arbeit zu schicken, nicht wahr? Sie möchten, dass sich Ihre Mitarbeiter mitten hineinstürzen in ihre Aufgaben, ist es nicht so?

Nicht so schnell.

Einarbeitung ist höchst wichtig – aber oft wird sie nur halbherzig erledigt. Am ersten Tag schüttelt der Manager dem Neuling die Hand (nachdem dieser zwei Stunden damit verbracht hat, den Papierkram für die Personalabteilung auszufüllen, für Fotos zu posieren, den Mitarbeiterausweis ausgehändigt zu bekommen und so weiter) und sagt: »Willkommen in unserer Abteilung. Wie schön, dass Sie da sind. Wir sind ein Team, wir arbeiten alle zusammen.« (*Wirklich?*)

»Ich möchte, dass Sie Chrystal kennen lernen. Sie arbeitet jetzt seit neun Monaten bei uns. Sie führt Sie herum und zeigt Ihnen, wie hier alles wie am Schnürchen läuft.« (*Hm, ich wusste gar nicht, dass das Unternehmen auch im Garnsektor tätig ist.*)

Ich habe von einem neuen Mitarbeiter gehört – und die Geschichte ist wirklich wahr –, der seine erste Schicht antrat bei einem der größten Luftfahrzeughersteller der USA, das Regierungsaufträge ausführt. Der Vorarbeiter stellte ihm den »Er-führt-Sie-rum«-Mitarbeiter vor und ging von dannen. Kaum war der Vorgesetzte außer Hörweite, sagte der Mann zum Neuling: »Okay, ich zeig dir jetzt, wie du hier acht Stunden rumbringst, ohne groß arbeiten zu müssen. Komm mit.«

Erste Station war der Pausenraum, dann erkundeten sie die Snackbar. Danach statteten sie dem Lager einen Besuch ab und plauderten eine Weile mit einer gut aussehenden Frau an der Lagerausgabe. Im Anschluss daran suchten sie verschiedene andere Orte in der Fabrik auf, bis es tatsächlich an der Zeit war, Feierabend zu machen und nach Hause zu gehen.

Und da wundern Sie sich, warum Militärjets so teuer sind?

Der wichtigste Vortrag

Das Wichtigste, das ein neuer Mitarbeiter lernen kann, ist nicht, wie man eine Schraube festzieht, wie man sich ins Intranet einloggt oder wo der Erste-Hilfe-Kasten zu finden ist. Vielmehr geht es darum, dass er versteht, *wer wir sind, worin unsere Träume bestehen* und *wofür wir als Unternehmen stehen.*

Tag eins ist eine einzigartige Gelegenheit, die nicht verschwendet werden sollte. Psychologen sind sich einig, dass Menschen nach dem sechzehnten Lebensjahr kaum noch neue Verhaltensweisen annehmen – *es sei denn*, sie haben ein einprägsames emotionales Erlebnis. Ist dies nicht der Fall, machen sie einfach weiter wie zuvor, tun, was ihre Eltern oder andere Rolemodels ihnen eingeimpft haben und reagieren auf die gleiche Weise, wie sie immer reagiert haben.

Der erste Tag in einem neuen Job ist ein bedeutsames emotionales Erlebnis. In der Regel ist es ein Montag. Der Betreffende ist pünktlich da oder sogar überpünktlich, hat sich sorgsam gekleidet und ist putzmunter, er brennt darauf, anzufangen. Für kluge Führungskräfte ist dies ein »Carpe-diem«-Moment – nutze den Tag! Die Ohren des neuen Mitarbeiters werden nie wieder so gespitzt sein, nicht einmal am zweiten oder dritten Tag.

Bei jedem neuen Hotel, das ich eröffnete, bestand ich darauf, dies selbst zu tun. Wenn Sie Mäuschen hätten spielen können, hätten Sie Folgendes beobachtet.

Der Raum summt regelrecht vor Aufregung der neuen Belegschaftsmitglieder, die da auf den Stühlen sitzen. Dann betrete ich den Raum, bekleidet mit meinem dunklen Businessanzug samt Schlips. Ich erreiche das Rednerpult. Die ersten Worte, die aus meinem Mund kommen (mit meinem starken deutschen Akzent) sind: »Guten Morgen. Mein Name ist Horst Schulze. Ich bin Präsident und COO dieses Unternehmens, und ich bin hier sehr wichtig.«

Dann mache ich eine Pause, während die Zuhörerschaft mich anstarrt und sich fragt, was für ein arroganter Fatzke das denn ist … bis ich fortfahre: »Genauso wie Sie! Kein Mensch sollte für sich beanspruchen, über anderen Menschen zu stehen. Sie sind genauso wichtig für dieses Unternehmen wie ich. Warum ist das so? Weil Sie den größten Beitrag hier leisten werden. Wenn ich erst morgen Nachmittag zur Arbeit erscheine, werden das nur wenige Leute mitbekommen. Aber wenn jemand von Ihnen vom Zimmerservice nicht auftaucht, werden die Betten nicht gemacht. Wir werden keine neuen Gäste vor morgen Abend einchecken können. Die finanziellen Folgen wären sofort spürbar. Wir hätten ein Desaster am Hals.«

Für den Rest dieses und des nächsten Tages – wir nehmen uns in der Regel eine Woche Zeit bei der Eröffnung eines neuen Hotels, um den Mitarbeitern die nötige Orientierung zu geben – erläutere ich, warum wir all dies tun, was wir denken, was unser Herz als Unternehmen bewegt. Ich erkläre unser Vision-Statement Satz für Satz. Ich lade jeden einzelnen neuen Mitarbeiter ein, Teil dieser Vision zu werden, und schildere, was dies für sie persönlich bedeutet. »Auf diese Weise werden Sie definiert werden als eine Person von Exzellenz«, sage ich. »Die gesamte Hotelleriebranche wird Sie in diesem Licht sehen.«

Danach geht es um unser Mission-Statement, das wiederum vollständig erklärt und an Beispielen erläutert wird.

Ich rede eine gute Weile über die vier Grundregeln, die für jedes Unternehmen essenziell sind (wie Sie aus Kapitel 3 wissen) und erläutere jede einzelne. Dabei komme ich auf diese wichtigen Punkte zu sprechen:

- »Dies treibt uns an: Wir wollen die Besten sein in der Kategorie …«
- »Dies denken wir über Kunden …«
- »Was Kunden wirklich von uns wollen ist: Sie möchten umsorgt sowie mit Würde behandelt werden, und ihre Anliegen sollen schnell geklärt werden …«
- »Kundenservice bedeutet in diesem Unternehmen Folgendes …«
- »Folgendes möchten wir mit all der Arbeit erreichen. Folgendes motiviert uns. Dies ist unsere Leidenschaft.

Erledigen Sie darum Ihre Arbeit nicht einfach für mich oder Ihren Vorgesetzen. Folgen Sie mit uns diesem Traum.«

Niemals werde ich vergessen, welche Wirkung diese Rede hatte, als ich unser erstes Ritz-Carlton Hotel in Montego Bay, Jamaika, eröffnete. Ich war zuvor von Kollegen aus dem Gastgewerbe gewarnt worden, dass die Mitarbeiter in diesem Land schwierig wären; sie würden dazu neigen, das Unternehmen zu bestehlen und dafür jede Gelegenheit nutzen, die sich ihnen bot. Das klang deprimierend.

Ich hielt meinen üblichen Vortrag zur Einführung am ersten Tag. Ich lud alle Leute im Raum ein, Teil unseres Traums zu werden. Ich betonte, dass sie nicht einfach »Bedienstete« seien, keiner von ihnen. Sie würden Damen und Herren sein, die Damen und Herren bedienten. »Wenn wir Exzellenz schaffen können«, sagte ich, »wird dies nicht nur zugunsten des Ritz-Carlton sein; es wird ebenso dem Land Jamaika zugute kommen. Die Hotelgäste werden diese Nachricht in alle Welt tragen.«

Früh am nächsten Morgen joggte ich entlang des White-Witch-Golfplatzes, der neben unseren Gebäuden liegt. Kurz nach 7:30 Uhr kam ich zurück und wollte schnell duschen, um fertig zu sein für ein Meeting, das um 8 Uhr angesetzt war. Zu meinem Erstaunen sah ich herausgeputzte Menschen auf das Hotel zueilen. Die Frauen trugen wunderschöne Kleider und sogar Hüte; die Männer hatten ihren besten Anzug samt Schlips angelegt. *Sind sie unterwegs zu einer Art Hochzeit?*, fragte ich mich. Nein, dafür war es noch zu früh.

Ich beobachtete dies – bis ich sah, dass sie das Hotel durch den Mitarbeitereingang betraten. Das war meine neue Belegschaft, die zum 8-Uhr-Meeting kam. Sie hatten sich meine Bemerkung zu Herzen genommen und beschlossen, sich als Damen und Herren zu kleiden. Mir traten Tränen in die Augen.

»Sie alle sehen wundervoll aus heute«, sagte ich, als ich vor ihnen stand. »Ich fühle mich geehrt, dass Sie zu diesem Meeting erscheinen, um als Damen und Herren die neue Arbeit anzutreten. Bitte beachten Sie, dass Sie sich nicht jeden Tag so kleiden müssen; wir werden Ihnen Arbeitskleidung stellen.«

Das nächste Level

Am Mittwoch der Orientierungswoche treffe ich jede Abteilung einzeln. Dabei sage ich: »Stellen Sie sich vor, Sie hätten als Gruppe einen Tag frei, um gemeinsam etwas Entspannendes zu unternehmen, bevor wir das Hotel eröffnen. Was könnten Sie Angenehmes machen? Wer hat einen Vorschlag?«

Meist sagt dann jemand: »Wir könnten einen Ausflug machen.«

»Das ist eine gute Idee«, antworte ich dann. »Wohin würden Sie gern gehen an einem solchen Tag?«

Nach kurzer Diskussion einigt sich die Gruppe in der Regel auf ein nahe gelegenes Ausflugsziel.

»Wie wollen Sie hin- und wieder zurückkommen?«, frage ich.

Die übliche Antwort ist, einen Bus zu mieten für diesen Tag.

»Okay, und nun erlauben Sie mir, den Gang zu wechseln«, fahre ich fort. »Ihre Abteilung beginnt eine Reise. Wo möchten Sie in – sagen wir – sechs Monaten stehen? Wohin möchten Sie als Gruppe gelangen?«

»Nun«, erwidern die Leute meist, »wir wollen die Besten werden.« Die Wortwahl wechselt von Ort zu Ort, aber die zugrundeliegende Aussage ist klar.

»Sind alle damit einverstanden?«, hake ich nach. »Sind Sie sich sicher, dass Sie die Besten in Ihrem Feld werden wollen?«

»Ja!«

»Okay, damit haben Sie sich selbst ein Ziel gesetzt. Vor kurzem sprach ich über die Ziele des Unternehmens. Aber Sie sind jetzt konkreter geworden. Erzählen Sie mir, was es für Sie bedeutet, ›die Besten zu sein‹.«

Antworten werden gerufen: »Wir wollen die Saubersten sein.« »Wir wollen die Freundlichsten sein.« »Wir wollen die Effizientesten sein.« »Wir wollen geachtet werden.« Währenddessen notiere ich die Antworten auf einem Flipchart.

Meist werfe ich dann ein: »Neben all diesem, wollen Sie da nicht auch Spaß haben?«

»Oh ja, das auch!«

Schließlich bitte ich den Abteilungsleiter, aufzustehen. »Dies ist Ihr Vorgesetzter«, sage ich. »Wissen Sie, was seine Aufgabe ist? Ich sage es Ihnen: Seine Aufgabe ist, Ihnen zu helfen, all die Dinge auf der Liste zu verwirklichen. Er wird Sie dabei unterstützen, die Ziele der Abteilung zu erreichen.

Wenn die Kultur
Ihres Unternehmens
nicht stimmig ist,

wird sie jeden
noch so gut gemeinten

unterlaufen.

Und manchmal heißt das, nicht zu erlauben, dass Sie sich mit weniger zufriedengeben als dem, was wir hier aufgeführt haben. Wenn er also sagt: ›Leute, wir sind nicht die Saubersten, wie wir es uns vorgenommen haben‹, dann werden Sie nicht wütend auf ihn. Er erinnert Sie nur an Ihr übergeordnetes Ziel, die Besten zu werden. Und wenn er feststellt, dass jemand die Gruppe nicht dabei unterstützt, das gemeinsame Ziel zu erreichen, dann gehört es zu seinem Job, diese Person zu entlassen. Sie haben eine Mission, und niemandem ist es gestattet, dies zu sabotieren.«

Nur am Donnerstag der Orientierungswoche geht es um die Arbeitsabläufe – wie bestimmte Aufgaben im Detail ausgeführt werden, welche Sicherheitsvorkehrungen beachtet werden müssen, welche Berichte wem erstattet werden müssen. Wie ich schon sagte, ist es am besten, wenn die neuen Mitarbeiter dies von mir hören. Wenn ein Hotel schon in Betrieb ist, übernimmt der Geschäftsführer diese Einführung – und wiederholt sie mit jeder neuen Gruppe von Mitarbeitern Monat für Monat.

Ich will damit nicht sagen, dass Sie genau das Gleiche in Ihrem Unternehmen machen müssen. Sie sollten Ihre eigenen Prozesse entwickeln. Aber was immer Sie tun: Verschaffen Sie Ihrem übergeordneten Ziel das Scheinwerferlicht, das es verdient – in einer Situation und zu einem Zeitpunkt, an dem Ihre Mitarbeiter ihm die höchste Aufmerksamkeit zollen.

Orientierung muss zur Routine werden – eine Pflicht, die erfüllt, ein Kästchen, das abgehakt werden muss. Es ist entscheidend, die Basis zu etablieren, auf der der zukünftige Erfolg aufgebaut werden kann. Ohne dies oder nur mit einer abgespeckten Version wird das Unternehmen für immer humpeln, statt zu laufen.

Der große Wirtschaftsvordenker Peter Drucker soll gesagt haben: »Kultur isst Strategie zum Frühstück.«[1] Mit anderen Worten: Sie können so viele Strategien, Richtlinien und Systeme festlegen, wie Sie wollen, aber wenn die Kultur Ihres Unternehmens nicht stimmig ist, wird sie jeden noch so gut gemeinten Plan unterlaufen. Sie werden dann kein lebendiges, aufeinander abgestimmtes Team haben; Sie werden nur eine Verwaltung haben. Aber wenn Sie eine konzentrierte, energieerfüllte Kultur schaffen – vom ersten Tag an –, kann Ihr Unternehmen während der kommenden Jahre und Jahrzehnte florieren.

KAPITEL 8

WARUM WIEDERHOLUNGEN ETWAS GUTES SIND

Die erbaulichste Rede, die raffinierteste PowerPoint-Präsentation, die großartigste Video-Installation – sie alle verblassen innerhalb der nächsten vierundzwanzig Stunden. Ganz egal, wie toll und umfassend die Mitarbeitereinführung ist, sie wird nicht haften bleiben ohne fortwährende Verstärkung.

Kennen Sie Coca-Cola? Natürlich tun Sie das. Warum bewirbt das Unternehmen dann weiterhin dieses Produkt? Weil es Ihnen im Bewusstsein bleiben soll. Der Konzern gibt jedes Jahr 4 Milliarden US-Dollar aus, damit sein Produkt nicht in Vergessenheit gerät.

Der Prozess, herausragende Mitarbeiter zu schaffen, beinhaltet vier Dinge: erstens: die anfängliche *Auswahl*; als Nächstes: die begeisternde *Einführung*; danach die anfängliche *Einarbeitung* in die jeweiligen Aufgaben; und schließlich die *Vertiefung* des Gelernten. Dafür ist eine bewusst gewählte Methode notwendig, die sorgfältig ausgeführt wird.

Zehn Minuten pro Tag

Wenn ich Ihnen erzähle, wie wir dies bei Ritz-Carlton und nun auch bei der Capella-Hotelgruppe handhaben, denken Sie vielleicht, das wäre zu viel des Guten. Aber es funktioniert. Ich habe ein kurzes Stand-up-Meeting eingerichtet *zu Beginn jeder Schicht* (denken Sie daran, ein Hotel ist rund um die Uhr besetzt), um das Augenmerk auf unsere vierundzwanzig Service-Standards zu richten. Der Vorgesetzte liest einen Standard vor, erläutert, was er bedeutet und erzählt dazu vielleicht eine Geschichte oder verliest einen entsprechenden Kundenkommentar, um zeigen, was dieser Standard in der Anwendung bedeutet. Mitarbeiter fügen vielleicht Eigenes hinzu. Dann machen sie sich auf den Weg zu ihren jeweiligen Arbeitsbereichen.

Heute geht es zum Beispiel um Standard Nummer eins, morgen steht Nummer zwei im Mittelpunkt, am nächsten Tag Nummer drei und so weiter. Nach vierundzwanzig Tagen geht es wieder von vorn los.

Ich habe die Service-Standards – bei uns »der Kanon« genannt – mit Blick auf das Gastgewerbe verfasst, aber sie können auch auf andere Branchen übertragen werden. So lauten sie:

1. Der Kanon bekundet das Ziel, warum wir geschäftlich tätig sind und wird von der gesamten Organisation geteilt.

Was ist der Kanon, fragen Sie sich vielleicht? Es ist die offizielle Erklärung, dass wir »geschäftlich tätig sind, um Wert und herausragende Erfolge für unsere Eigner zu erzeugen, indem wir Produkte erschaffen, die die individuellen Kundenerwartungen erfüllen. Wir bieten zuverlässige, ehrliche Fürsorge und schnellen Service, der dem unserer Konkurrenz überlegen ist, dank geschätzter und bevollmächtigter Mitarbeiter, die in einer Umgebung der Zusammengehörigkeit und Zielorientierung arbeiten. Wir sind stützende und beitragende Mitglieder der Gesellschaft, arbeiten mit unumstößlichen Werten, mit

Ehre und Integrität.« Ganz offensichtlich gibt es da eine Menge zu durchdenken!

2. Der Zeitgeist ist bekannt, anerkannt und gibt uns allen Kraft. Er ist der Eckstein unseres Serviceversprechens an unsere Gäste.

   Was bedeutet *Zeitgeist*, fragen Sie sich vielleicht. Dieses schöne deutsche Wort bezieht sich auf den »Geist der Zeit [oder einer Jahreszeit]« und besagt, wir sind Gast-orientiert, da Gastwünsche sich im Laufe der Zeit ändern. Unter *Zeitgeist* werden subsummiert: Exklusivität, Loyalität, Erfahrung und Erbe – jeden Begriff definieren wir in einem eigenen Satz.

3. Unser Service-Umfang (also vom herzlichen Willkommen über die Erfüllung der Kundenwünsche und ihre Vorwegnahme bis hin zum warmherzigen Abschied) umfasst alle Gastinteraktionen – nicht nur ein paar, sondern alle.

4. Wir unterstützen einander, lassen unsere gegenwärtigen Aufgaben ruhen, um unseren Gästen unsere Hilfe anzubieten.

5. Telefonanrufe werden innerhalb der ersten drei Klingeltöne mit einem Lächeln in der Stimme angenommen. Unsere Wortwahl spiegelt das Image von Capella wider. Anrufe werden nicht gefiltert. Wir vermeiden es, Anrufe weiterzuleiten und Kunden in der Warteschleife warten zu lassen.

6. Du bist dafür zuständig, Mängel zu erkennen und sofort zu beseitigen, bevor sie Auswirkungen auf Gäste haben. Mängelvorbeugung ist der Schlüssel für exzellenten Service.

7. Stelle sicher, dass alle Bereiche des Hotels makellos sind. Wir sind verantwortlich für die Sauberkeit, die Wartung und den Betrieb. Jedes Hotel befolgt unser bewährtes C.A.R.E-Programm (»Clean And Repair Everything« [Alles reinigen und reparieren], egal ob der Bereich öffentlich zugänglich ist oder nicht].
8. Nimm Gäste immer wahr. Unterbrich alles, was du gerade tust, wenn ein Gast sich dir auf drei Meter nähert; grüße ihn mit einem Lächeln und biete deine Hilfe an.
9. Sicherheit und Schutz gehören zur Verantwortlichkeit eines jeden. Kenne deine Aufgaben in einer Notsituation und beim Schutz von Eigentum der Gäste und des Hotels. Melde gefährliche Zustände oder Sicherheitsprobleme sofort und beseitige sie, sofern möglich.

   Wenn sich zum Beispiel ein herrenloser Koffer in der Lobby befindet, muss die Belegschaft herausfinden, was da los ist. Es geht aber auch um ernsthaftere Dinge: So weiß zum Beispiel jedes Zimmermädchen, dass ein »Bitte nicht stören«-Schild, das noch am späten Nachmittag am Türgriff hängt, bedeutet, dass der Raum kontrolliert werden muss. Meist hat der Gast einfach nur vergessen, das Schild wieder abzunehmen – aber was, wenn jemand im Laufe der Nacht gestorben ist? (Mehr als einmal ist dies vorgekommen.) Das Zimmermädchen klopft in diesem Fall an der Tür, und wenn niemand antwortet, informiert sie das Sicherheitspersonal, das überprüft, wer dieses Zimmer für wie viele Personen gebucht hat. Im

Anschluss versucht die Security, den Gast telefonisch zu erreichen, um zu fragen: »Ist alles in Ordnung bei Ihnen? Können wir Ihnen in irgendeiner Form dienlich sein?« Wenn niemand abnimmt, öffnen die Sicherheitsleute mit dem Generalschlüssel die Tür – und falls die Sicherheitskette von innen eingehakt ist, verschaffen sie sich mit einem Bolzenschneider Zutritt. Hoffentlich hat sich keine Tragödie dort abgespielt.

10. Wir sind alle verantwortlich dafür, Mängel in unserem Arbeitsbereich zu beseitigen, um diesen fortwährend zu verbessern.

Mit anderen Worten: Nimm nicht an, dass »irgendjemand« sich schon darum kümmern wird. Sollte etwas auf dem Boden verschüttet sein, beseitige dies so schnell wie möglich, damit niemand ausrutscht und fällt. In einem unserer ersten Hotels fiel einem Zimmermädchen auf, dass Bademäntel immer wieder auf dem Boden lagen. Sie dachte sich: *Warum ist eigentlich kein Haken neben der Dusche? Wir sollten einen dort anbringen.* Schnell gab es in jedem Bad in diesem Hotel einen Haken und im Anschluss dann in jedem Bad der Hotelkette.

11. Wenn ein Gast auf Schwierigkeiten stößt, ist es deine Aufgabe, sich derer anzunehmen und den Problemlösungsprozess zu starten. Du bist befugt, jedes Problem zur vollständigen Zufriedenheit des Gastes zu lösen. Befolge den QIAF-Prozess (»Quality Improvement Action Form«, Qualitätsverbesserungs-Aktionsplan), um alles sorgfältig zu dokumentieren.

12. Begleite Gäste, bis sie sich eingewöhnt haben, oder weise ihnen mit Blicken den Weg zu ihrem Ziel. Zeige nicht mit dem Finger darauf.
13. Widme den Gästen immer deine volle Aufmerksamkeit und Konzentration. Sei zugänglich, fürsorglich und eilfertig beim Anbieten von Unterstützung.

    Um dies zu konkretisieren: Starre nicht auf deinen Computermonitor, deine Uhr, dein Smartphone und so weiter.
14. Respektiere die Auszeiten und die Privatsphäre der Gäste, der Zimmerservice darf nicht die Tätigkeiten der Gäste unterbrechen oder sie beeinträchtigen. Nähere dich niemals einem Gast, um diesen um einen Gefallen zu bitten wie beispielsweise um ein Foto oder gar um ein Selfie!
15. Das Capella-Erlebnis ist unvergesslich und einzigartig. Sei proaktiv, finde Wege, um unsere Gäste zu überraschen und zu erfreuen.
16. Sei einfühlsam und passe dich an Stil, Geschwindigkeit, Bedingungen und jegliche Umstände des Gastes an, um ihm ein individuelles Erlebnis zu ermöglichen.

    Beispielsweise würden wir niemals den Vorstandsvorsitzenden der Bank of England so behandeln wie eine junge Familie aus Texas.

    Wir hatten einmal einen Gast mit zwei energiegeladenen Jungen, die im Gang Hockey mit Plastikschlägern und Puck spielten. Wir konnten dies natürlich nicht zulassen. Aber statt ihnen es einfach zu verbieten, sagten wir: »Stellt euch vor, wir haben einen Konferenzraum, der heute nicht benutzt wird. Wir tragen die Stühle hinaus, um Platz zu schaffen, und dann könnt ihr dort spielen.« Das Problem war gelöst, und jeder war glücklich. Andere Gäste hingegen sind formeller und reservierter.

17. Unser Aussehen, unsere Körperpflege und unser Auftreten spiegelt Capella wider. Unsere Kleidung und unser persönliches Erscheinungsbild sind angemessen und tadellos. Wir vermeiden Wörter, die nicht zu Capellas Image passen wie beispielsweise »Hi«, »okay«, »kein Problem«, »Kumpel« und so weiter.

18. Die angegebenen Stunden für Verrichtungen sind Richtlinien, keine Grenzen, um die individuellen Wünsche und Präferenzen von Gästen zu erfüllen.

Mit anderen Worten: Sag nicht: »Was für ein Pech, der Pool ist jetzt geschlossen« oder »Tut mir leid, meine Schicht ist vorbei«. Fahre fort mit dem, was auch immer notwendig ist, um dem Gast dienlich zu sein.

19. Wir sind befugt und beauftragt, die Bedürfnisse der Gäste zu stillen. Erkenne ihre speziellen Erfordernisse und Präferenzen sowohl vor ihrer Ankunft als auch während ihres Aufenthalts, um ihre Gasterfahrung zu individualisieren.

Wir hatten einst einen Gast mit einer eigenartigen Anfrage. Er wollte sieben Boxen mit Kosmetiktüchern in seinem Zimmer. Als er uns das erste Mal besuchte, misslang es uns, diese bereitzustellen. Als er zu einem anderen Zeitpunkt wiederkam mit der gleichen Bitte, waren wir aufmerksamer und taten von nun an, worum er uns gebeten hatte. Wir fragten uns, ob er vielleicht eine Allergie oder Ähnliches hatte, aber es war nicht unsere Aufgabe, dies herauszufinden.

Wenn Filmstars unser Hotel aufsuchen, kann es extrem werden. Deren Mitarbeiterstab sendet meist vorab seitenweise »Dos and Don'ts« – in einem Fall waren es sogar neunzehn Blätter, doppelseitig beschrieben. Entertainer wollen aus bestimmten Gründen eine völlige Verdunklung der Fenster. Sie wünschen sich totale Dunkelheit, um schlafen zu können. Neben den Zwischenräumen der Lamellen des Sichtschutzes mussten wir einmal sogar die kleinen Lämpchen der elektronischen Geräte im Raum abkleben. Ein Künstler legte fest: »Kein Staubsaugen im Korridor vor ein Uhr mittags.« Nun gut.

20. Wissen ist die Voraussetzung, um unseren Gästen die Capella-Erfahrung zu ermöglichen. Kenne darum alle Angebote und speziellen Offerten des Hotels, wie auch die örtlichen Sehenswürdigkeiten, Traditionen und die Geschichte.

Wie ein Leiter einer Non-Profit-Organisation zu seinen Leuten einmal sagte: »Das Schlimmste, was ihr zu einem Auftraggeber sagen könnt, ist: ›Ich weiß es nicht. Fragen Sie jemand anderes.‹«

21. Diskretion hat bei Capella höchste Priorität. Sprich niemals mit der Presse oder jemandem außerhalb der Hotels über Angelegenheiten, die das Hotel oder seine Gäste betreffen. Wenn du um Informationen gebeten wirst, informiere bitte den Geschäftsführer.

Tut uns leid, Reporter und Klatschkolumnisten!

22. Sei positiv innerhalb wie außerhalb des Arbeitsbereiches. Es ist unsere Aufgabe, ein einzigartiges Umfeld und einen guten Leumund für unser Hotel und füreinander zu schaffen.

Mir ist es überhaupt nicht peinlich, zu den Mitarbeitern zu sagen: »Wir erwarten Loyalität von Ihnen. Sie verdienen hier Ihren Lebensunterhalt. Ich möchte, dass Sie nur Positives über Ihre Kollegen und das Hotel sagen – hier bei der Arbeit und auch außerhalb. Vergessen Sie nicht, wie Sie Ihren Arbeitsplatz schildern, strahlt auch auf Sie persönlich zurück.«

23. Jede Form unserer schriftlichen Kommunikation (Beschilderung, Briefe, E-Mails, handgeschriebene Notizen und so weiter) spiegelt das Image des Hotels wider.

Der Grund dafür liegt darin, dass *alles* eine Nachricht sendet. Wenn die Speisekarte des Restaurants Schmierflecken hat, ist dies ein Zeichen dafür, dass die Küche womöglich ebenfalls unreinlich ist. Ist ein Wort falsch geschrieben, verkündet dies Nachlässigkeit. Vielleicht fällt es 99 Gästen von 100 nicht auf, aber wir wollen, dass alle 100 Gäste wiederkommen und uns vertrauen.

24. Als Serviceprofis sind wir stets liebenswürdig und behandeln unsere Gäste wie auch uns gegenseitig mit Respekt und Würde.

Beachte, dass es nicht nur »Gäste« heißt, sondern »uns gegenseitig«. Man kann Liebenswürdigkeit und Freundlichkeit nicht wie mit einem Schalter an- und abstellen, je nachdem ob ein Gast in Hörweite ist oder nicht. Ich habe festgestellt, dass Bewerber bei der Anstellung oft sagen, sie hoffen auf eine »tolle Arbeitsumgebung«. Nun, wer schafft die? *Wir alle* tun dies, und wie wir miteinander umgehen, ist dabei entscheidend.

Innerhalb des Hotelgewerbes ist für die internen Bereiche und Abläufe der Begriff »back of the house« üblich. Wir erlauben diese Bezeichnung nicht. Wir sprechen stattdessen vom »Herz des Hauses«. Indem wir einander in die Augen sehen, uns gegenseitig freundlich grüßen und einander unterstützen, erschaffen wir uns eine Umgebung, die sowohl für uns als auch für die Gäste angenehm ist.

Wenn Mitarbeiter dies wieder und wieder hören, zwölfmal oder häufiger im Jahr, werden sie es verinnerlichen. Die Mitarbeiter führen eine kleine Karte mit diesem Kanon in ihrer Tasche mit sich, falls sie etwas nachschauen wollen. Es wird zur zweiten Natur, diese Service-Standards zu befolgen, ohne darüber zu debattieren. *So machen wir das eben hier*, sagen sie zu sich selbst.

Warum die Wiederholung beibehalten?

Vielleicht denken Sie: Oh je, wir sind zu beschäftigt, um uns so etwas wieder und wieder einzubläuen. Wir müssen Deadlines einhalten. Unsere Branche ist zu schnell für so etwas.

Das habe ich auch von meinen eigenen Investoren immer wieder gehört in den frühen Tagen. »Was meinen Sie mit zehn Minuten pro Tag«, fragten Vermögensverwalter. »Wissen Sie, wie viele Stunden das pro Jahr bedeutet? Sie verschwenden Lohngelder.«

Meine Antwort war schlicht: »Wollen Sie, dass ich sie im Dunklen über ihre Aufgaben belasse? Ist es das, was Sie wollen? Diese zehn Minuten gehören zu den wichtigsten der ganzen Schicht.«

Dies war im Übrigen das Standardvorgehen in den Nobelhotels in Europa, in denen ich meine Laufbahn begann. Ich erinnere mich immer noch, wie der Manager oder der Maître d' uns in einer Linie aufstellte, um uns zu instruieren – und gleichzeitig, um unser Aussehen zu überprüfen. Waren unsere Fingernägel sauber? Glänzten die Schuhe? War das Haar gekämmt und ordentlich? Waren unsere Uniformen gebügelt und fleckenlos? Niemand durfte die Gäste bedienen, ohne diese Inspektion zu durchlaufen.

Als ich nach Amerika kam und schließlich die Gelegenheit erhielt, das Ritz-Carlton zu leiten, führte ich dieses Line-up ein, um damit verschiedene Ziele zu erreichen. Zunächst und zuallererst wollte ich, dass jeder Mitarbeiter auf jeder Ebene die Werte des Unternehmens kannte, verstand, sie verinnerlichte und lebte. Schlechte Erfahrungen in vorherigen Unternehmen hatten mich gelehrt, dass eine einmalige Einführungsrede nicht ausreichte.

Zweitens wollte ich die Markenkonsistenz stärken. Wir waren in einem jungen, schnell wachsenden, sich permanent wandelnden und geografisch weit verstreuten Unternehmen tätig. Wurden die Gäste des Ritz-Carlton in

Schanghai oder Osaka ebenso behandelt wie jene in Atlanta oder Laguna Niguel? Das Line-up stellte einen Weg dar, um sicherzustellen, das jeden Tag jeder Mitarbeiter zu jeder Schicht an jedem Ort die gleiche Botschaft erhielt.

Drittens gab es immer neue Mitarbeiter. Die Fluktuation in meiner Branche ist hoch. Ich brauchte eine Methode, um ihnen beizubringen, worum es uns ging. Ich wollte die chaotischen »Er hat gesagt«-»Nein, hat er nicht«-Diskussionen minimieren:

»Sie sind angehalten, die Aufgaben auf diese Weise zu erledigen.«

»Davon habe ich nichts gehört.«

»Natürlich haben Sie das. Es wurde uns bei der Einführung gesagt.«

»Nicht in der Gruppe, in der ich war.«

Das kommt nicht vor, wenn jeder die gleiche Botschaft immer wieder zur gleichen Zeit hört – und wenn die Botschaft auf Karten gedruckt steht, die jeder Mitarbeiter mit sich führt.

Viertens haben viele Mitarbeiter im Gastgewerbe nur eine geringe Bildung. Viele sind Migranten, und manche können Englisch weder schreiben noch lesen. In einer schulischen Situation zu lernen ist oft ineffektiv oder gar einschüchternd. Diese Mitarbeiter fühlen sich meist wohler, zu Beginn der Schicht in einer Ecke oder auf einem Gang für ein paar Minuten beisammenzustehen. Sie können dann besser zuhören und finden sogar das Selbstbewusstsein, Fragen zu stellen oder Ideen einzubringen.

Und abschließend ermöglicht das Line-up dem Management den Mitarbeitern mitzuteilen, was im Unternehmen vor sich geht – neue Projekte, Werbeaktionen, gute Neuigkeiten ebenso wie die Probleme oder Herausforderungen, die es zu meistern gilt. Das hilft ihnen, sich mit dem Denken und den Zielen des Unternehmens zu identifizieren. Ohne dies würden sie in einem engen Tunnel arbeiten, nur die zugewiesenen Aufgaben erledigen und hätten keine Idee von den größeren Zusammenhängen.

Erinnern Sie sich, was Stephen Covey in seinem Bestseller *Die 7 Wege zur Effektivität* über den Unterschied von »dringend« und »wichtig« sagt? Dringende Dinge, so Covey, sind Anrufe, Unterbrechungen und sogar einige Meetings, die das tägliche Leben verschlingen. Zu den wichtigen Dingen jedoch gehört, Pläne zu entwickeln, Beziehungen aufzubauen und neue Möglichkeiten zu erkennen.

Covey fügt sogar eine kleine Matrix aus vier Rechtecken bei, die die jeweilige Wichtigkeit angaben. »Wenn Sie sich auf Quadrant I konzentrieren [auf jenen, in den die dringenden Anliegen wie Krisen und Probleme gehören; H. S.]«, schreibt Covey, »wird er immer größer. Irgendwann beherrscht er Sie schließlich ganz. Er ist wie eine tosende Brandung. Da kommt ein riesiges Problem auf Sie zugerauscht und zieht Ihnen den Boden unter den Füßen weg. Sie rappeln sich wieder hoch und lösen es. Doch da kommt schon das nächste und wirft Sie wieder zu Boden.«

Covey fährt fort: »Quadrant II ist das Herzstück des effektiven Selbstmanagement [und, wie ich hinzufügen möchte, des Organisationsmanagement; H. S.]. Hier stehen die Dinge im Mittelpunkt, die nicht dringend, aber wichtig sind (…). In Quadrant II finden sich all die Dinge, von denen wir wissen, dass sie wichtig für uns sind. Weil sie jedoch nicht dringend sind, schieben wir sie oft auf die lange Bank.«

Covey fasst seine Gedanken zu Quadrant II zusammen: »Ob Student, Fließbandarbeiter, Hausfrau (…) oder Vorstandsmitglied einer großen Gesellschaft: Ich bin überzeugt, dass Sie wesentlich bessere Ergebnisse erzielen werden, wenn Sie sich fragen, welche Aufgaben in Quadrant II liegen, und die Pro-Aktivität entwickeln, sich darauf zu konzentrieren. Ihre Effektivität wird dramatisch zunehmen. Ihre Probleme und Notfälle werden auf eine handhabbare Größenordnung schrumpfen. Denn Sie denken voraus (…).«[1]

Die sorgsame, wiederholte, ununterbrochene Verstärkung Ihrer Standards liegt im Herzen von Quadrant II. Das bedeutet, Sie arbeiten an wichtigen Dingen, nicht einfach an dringenden.

Beidseitiger Nutzen

Im Laufe der Jahre habe ich eine Reihe von Unternehmen überzeugt, diese Methode der täglichen Verstärkung zu implementieren. Manche nennen das ein »Wirrwarr«. Sie haben natürlich ihre eigenen Standards festgelegt, die zu ihrer Situation passen. Aber sie haben wie ich festgestellt: Wenn sie in ihrem Segment Marktführer bleiben wollen, dann müssen sie sich immer wieder ins Gedächtnis rufen, was sie zur Nummer eins macht. Andernfalls kann es ihnen entgleiten.

Kurz nachdem unser Unternehmen ein Hotel mit Verbesserungsbedarf in New York City übernommen hatte, fiel mir auf, dass es dort keinerlei Belegschaftstreffen gab, um die Arbeitsabläufe zu trainieren und zu verinnerlichen. Ich war für drei Monate in dieses Hotel gezogen, um zu verstehen, was hier vor sich ging – oder besser: *nicht* vor sich ging. Schließlich richtete ich tägliche Stand-up-Meetings ein.

Eines der Zimmermädchen meldete sich: »Da ist ein kleines Mädchen, das mit ihrer Mutter in Raum so und so wohnt. Ich habe erfahren, dass sie Geburtstag hatte. Darum habe ich gestern auf dem Weg zur Arbeit eine kleine Puppe für sie gekauft. Sie hat sich sehr gefreut.«

»Wow, das haben Sie getan?«, rief ich aus, während alle applaudierten. »Das ist wunderbar! Natürlich werde ich Ihnen die Kosten für die Puppe ersetzen. Und außerdem: Wir haben eine Tradition, die Sie vielleicht nicht kennen. Sie nennt sich ›Blitzschlag‹. Wenn jemand aus dem Team etwas Außergewöhnliches tut, belohnen wir ihn mit 50 US-Dollar. Sie erhalten sie in Kürze.«

Ein weiteres Zimmermädchen (eine Migrantin aus Myanmar) hatte bemerkt, dass die spezielle Zahnpasta eines der Langzeitgäste zur Neige ging. Sie berichtete mir davon und fragte: »Kann ich ihm neue kaufen?«

»Unbedingt«, erwiderte ich. »Hier ist das Geld. Gehen Sie zum nächsten Drugstore und erledigen Sie es sofort.«

Solche Gesten machen aus *zufriedenen* Kunden *loyale* Kunden. Sie stellen fest, dass die Hotelmitarbeiter sie behüten und ihre Bedürfnisse und Wünsche antizipieren –

Wenn Sie
MARKTFÜHRER
sein wollen,
müssen Sie sich stets
ins Gedächtnis rufen,
was Sie zur
NUMMER EINS
macht.

Service-Standard Nummer 15 in der Praxis. Wir heben guten Service auf das nächste Level (Personalisierung).

Und gleichzeitig führen sich die Mitarbeiter bestätigt und ermächtigt. Sie sind nicht nur ein kleines Rädchen in einer großen Maschine. Sie nutzen ihre Kreativität, um das Unternehmen besser und stärker zu machen.

Permanente Verbesserung

Je mehr die Belegschaft interagiert, miteinander redet und sich gegenseitig unterstützt, umso reibungsloser sind die Abläufe. Dies gehört zur Arbeit an unserer Effizienz (Grundregel Nummer vier, wie bereits erläutert). Im allerersten Ritz-Carlton, das wir in Buckhead in Atlanta eröffneten, servierten wir Nachmittagstee. Die Damen der Gesellschaft mochten es, vorbeizuschauen, mit Freundinnen zu plaudern, dem Pianisten zu lauschen und gemeinsam Tee zu trinken. Sie liebten die wunderschönen Porzellantassen und -kannen von Wedgwood. Ich wusste, dass wir damit kaum Gewinn machten (jede Tasse kostete 100 US-Dollar!), aber es verhalf uns definitiv zu einem Image der Eleganz.

Es gab jedoch ein kleines Problem. Wir erhielten ständig Beschwerden, dass der Tee nur lauwarm sei. (Das ist definitiv ein *Produktmangel.*) Jeder, der sich beim Kellner beschwerte, bekam natürlich eine neue, nun heiße Tasse Tee. Doch das kostete zusätzliches Geld und Zeit, zudem wurde der nächste Gast nicht sofort bedient. Währenddessen berichtete jede Dame ihren Freunden von dem lauwarmen Tee, was die Reputation, die ich aufbauen wollte, untergrub.

Ich hätte den zuständigen Manager für Speisen und Getränke rufen und ausschimpfen können. »Was ist mit Ihnen los? Hören Sie auf, kalten Tee servieren zu lassen!« Und er wäre dann zu seinen Mitarbeitern gegangen und hätte sie angebrüllt: »Das ist inakzeptabel!« Aber das hätte nicht das Problem gelöst. Es wäre nur jeder schlecht gelaunt gewesen.

Besser war, am Ende eines Stand-up-Meetings zur gesamten Belegschaft zu sagen: »Wir sind unserem hohen Standard verpflichtet, Kundenerwartungen zu erfüllen und sogar zu übertreffen. Lasst uns darum herausfinden, warum der Nachmittagstee die Gäste lauwarm erreicht.«

Und tatsächlich: Sie fanden das Problem: Die Tassen wurden direkt neben der Eismaschine aufbewahrt. Kein Wunder, dass der Tee lauwarm war. Das war einfach zu ändern.

Ein anderes Problem betraf die Teekannen. Die Tüllen der Teekannen brachen wiederholt ab. Da die Stückkosten 200 US-Dollar betrugen, war es teuer, sie immer wieder zu ersetzen.

Die Tellerwäscher demonstrierten darauf hin, wie die Teekannen auf dem Band zur Spülanlage transportiert wurden, bis sie einen bestimmten Punkt erreichten, an dem sie von einem Riegel aufgehalten wurden. Und wenn die Teekannen mit der Tülle voran auf das Laufband gestellt wurden – klonk! Darum fertigten die Tellerwäscher nun kleine Überzieher aus Weichgummischläuchen, die über die Tüllen gestülpt wurden. Und schon gab es keine Brüche mehr.

Weder der Manager noch ich hätten dies jemals allein herausfinden können. Wir mussten den Mitarbeitern den Raum geben, die Probleme zu analysieren und zu lösen. Sie *wollten* nicht weiterhin kalten Tee servieren oder kaputte Teekannen monieren. Sie wollten ihren Job gut machen. Sie verstanden die Notwendigkeit, Geld zu sparen und effizienter zu arbeiten. Darum fanden sie Lösungen, als wir sie einbanden in die Prozesse, die unsere Aufmerksamkeit benötigten.

Wenn unternehmensinterne Rechnungsprüfer ein Memo herausgeschossen hätten mit dem Wortlaut: »Wir verstehen nicht, warum Ihre Ausgaben so hoch sind!«, dann hätte ein typischer Manager vermutlich so reagiert: »Nun, warum haben wir überhaupt so teures Wedgwood-Porzellan? Lasst uns einfach günstigeres Geschirr kaufen, Kannen zu 10 US-Dollar und Tassen zu 2 US-Dollar.« Was wäre die Konsequenz dieser kostenreduzierenden Maßnahmen gewesen? Eine Herabsenkung der Gasterwartungen. Eine Verringerung unserer Marke unterhalb des Niveaus der Konkurrenz.

Gute Führungskräfte tun das nicht. Sie behalten das Ziel im Blick, das edelste Teeerlebnis der Stadt zu bieten. Dafür ist es nötig, die Mitarbeiter um Hilfe zu bitten, um so die richtigen Antworten auf die auftauchenden Defekte zu finden. Denn aufgrund der gemeinsamen Verpflichtung auf hohe Standards – kontinuierlich bekräftigt – schreitet das Unternehmen beständig voran.

KAPITEL 9

MANAGER TREIBEN AN, FÜHRUNGSKRÄFTE BEFLÜGELN

Die Chefs von Organisationen nehmen weltweit instinktiv an, dass ihre Mitarbeiter zum größten Teil unwillige Esel sind, die angeschoben werden müssen, während nur eine Minderheit motiviert genug ist, um sich aus eigener Initiative zu bewegen.

Die Chefs sagen dies natürlich nicht so deutlich. Aber letztlich ist es das, was sie denken. Sie sind überzeugt, dies sei die Bürde der Führung.

Zum Glück haben wir die Tage der knurrenden Sklaventreiber mit Peitsche hinter uns gelassen. Die Methoden, die Produktivität zu steigern, sind heutzutage vielfältiger. Aber ist das wirklich das Beste, was wir tun können? Wer wird seinen Job besser erledigen – der Mitarbeiter, der »muss«, weil der Boss ihm im Nacken sitzt, oder der Mitarbeiter, der den Job machen *will*? Ganz eindeutig der zweite.

Sobald Sie oder ich einen Mitarbeiter an Bord holen, ist es unsere Aufgabe, ihn dahin zu führen, dem übergeordneten Ziel zuarbeiten zu *wollen*. Je mehr Leute, von der niedrigsten bis zur höchsten Ebene, die Kundenwüsche verstehen und effizient befriedigen wollen, umso stärker wird unser Erfolg insgesamt anwachsen – und unser persönliches Sodbrennen wird weniger.

Wovon ich überzeugt bin

Ich denke, dass uns alle zwei grundlegende Bedürfnisse erfüllen: erstens Sinn und zweitens Verbundenheit. Wir sind nicht dafür geschaffen, ziellos durchs Leben zu stolpern. Wir sind so veranlagt, dass wir etwas Sinnvolles tun wollen. Das kann alles sein vom Malen von Bildern über das Bauen eines Geräteschuppens bis zum Flug auf den Mond. Wir sind darauf programmiert, etwas zustande bringen zu wollen, damit wir mit Stolz zurückblicken und sagen können: »Das alles habe ich getan.« Auf dem Weg dahin ersehnen wir uns Beziehungen zu anderen Menschen. Wir wollen uns verbinden, wollen reden, gehört werden, interagieren, neue Ideen haben, anderen Menschen helfen und ja, wir wollen lieben.

Die Aufgabe eines jeden Wirtschaftsführers ist es, diese beiden Realitäten zu akzeptieren und sie in die Arbeit einfließen zu lassen. Ich mag, was James Autry, der frühere Präsident der Meredith Corporation (Herausgeber eines Dutzends oder mehr US-Magazinen) in einem seiner Bücher geschrieben hat:

> *Wirtschaft wurde wie Kunst und Wissenschaft geschaffen und konzipiert durch den Intellekt und die Vorstellungskraft von Menschen, und sie entwickelt sich weiter oder schrumpft aufgrund des Intellekts und der Vorstellungskraft von Menschen.*
>
> *In Wirklichkeit gibt es keine Wirtschaft, es gibt nur Menschen. Wirtschaft existiert nur zwischen Menschen und für Menschen.*
>
> *Das scheint sehr einfach, und es gilt für jeden Aspekt von Wirtschaft, aber nicht genug Wirtschaftsleute scheinen dies zu verstehen.*
>
> *Würde jemand von einem anderen Planeten die ökonomischen Prognosen, Indikatoren und Kennzahlen von diesem oder jenem betrachten, könnte er womöglich tatsächlich auf die Idee kommen, das im Markt wirklich unsichtbare Hände am Werk sind.*

Es ist einfach zu vergessen, was Kennzahlen messen. Jede Zahl – von Produktivitätsraten bis zur Vergütung – ist nur ein von Menschen erfundenes Mittel, um die Ergebnisse der Unternehmung anderer Menschen zu messen. Für Manager ist die wichtigste Aufgabe nicht zu messen, sondern zu motivieren. Und Zahlen können Sie nicht motivieren.[1]

Der letzte Satz verdient es, in Fettdruck und Versalien gedruckt zu werden. Für uns, die wir Unternehmen und Organisationen leiten, sind Zahlen nicht unser Metier! Menschen sind unser Metier – der Umgang mit Kunden, Mitarbeitern, Kollegen, Anteilhabern und weiteren, um das bestmögliche Ergebnis zu erreichen.

Wenn Sie nicht glauben, dass Menschen eine fundamentale Sehnsucht nach Sinnhaftigkeit und Verbundenheit haben, entwickeln Sie sich womöglich zu etwas sehr Dunklem – zu einem Ausbeuter von Menschen. Ihre Tage, Wochen, Monate und Jahre werden zu einem fortwährenden Machtkampf, bei dem Sie jede Gelegenheit nutzen, um Vorteile für sich herauszuschlagen. Andere Menschen werden Ihnen dann schnell misstrauen. Deren Möglichkeiten, zu aufzublühen, exzellent in dem zu werden, was sie tun, werden immer wieder ausgepresst. Sie beginnen innerlich zu verkümmern, falls sie nicht in eine gesündere Umgebung abwandern.

Ich wage mich so weit vor, zu behaupten: Manager treiben an, Führungskräfte beflügeln. Wenn Sie Ihre Mitarbeiter immer drängen, belauern und rügen, dann sind Sie keine Führungskraft. Halten Sie inne und fragen Sie sich, wie Sie jene beflügeln können, die für Sie arbeiten.

Mitarbeiter zu begeistern, damit diese eine positive Einstellung zu ihrer Arbeit finden, bedeutet nicht Zuflucht zu nehmen zu Jubeleien und Euphemismen. So ein Geschwätz kann sogar das Gegenteil bewirken, indem es Zynismus hervorruft. Vielleicht erinnern Sie sich aus Ihrer Schulzeit an den bekannten Roman *1984* von George Orwell und dessen Neusprech-Vokabular wie beispielsweise »Freudelager« – was eigentlich Zwangsarbeiterlager bedeutete.

Im Folgenden ein paar Beispiele für den heutigen Unternehmensjargon:

- **»Wir sind ein Team!«** Das ist in der Tat eine sehr gute Idee – wenn die Teammitglieder ein gemeinsames Ziel haben. Eine Fußballmannschaft verfolgt einen höheren Zweck, als nur spezielle Trikots zu tragen und einander High Fives zu geben. Der Sinn besteht darin, den Ball ins Tor zu schießen, und zwar häufiger als der Gegner. Jeder Spieler hat eine genau definierte Funktion, um dies zu bewerkstelligen. So eine Mannschaft folgt außerdem bestimmten Regeln. Die Mannschaftsmitglieder kommen zum Training zu festgesetzten Zeiten. Sie müssen die Taktik verinnerlicht haben. Sie müssen tun, was der Trainer fordert.

  Bosse, die leichtfertig davon sprechen, dass alle ein »Team« sind, ohne dass es ein gemeinsames Ziel gibt oder Zielvorgaben, die jeder versteht und akzeptiert, verschwenden nur ihren Atem.

Haben Sie sich je gefragt, warum Menschen beschließen, nur noch Dienst nach Vorschrift zu machen? In zu vielen Fällen geschieht dies, weil sie ein Leben lang gearbeitet haben, ohne das Gefühl zu haben, mit ihren Mühen zu etwas Sinnvollem beizutragen. Sie verbringen ihre Arbeitszeit nur damit, eine Funktion auszufüllen. Und irgendwann wollen sie nur noch raus aus diesem Gefängnis.

- **»Ihr seid alle Teil der Firma!«** Ein Teil von etwas zu sein, ist das neue Upgrade für Mitarbeiter. Mir stellt sich da die Frage: »Teil von was?« Hat die Person wirklich das Gefühl, eingebunden zu sein in etwas Größeres, Teil von etwas, Beiträger zu einem Ziel zu sein? Wenn nicht, dann ist es egal, was auf ihrem Namenschildchen steht.

  Ich kann Ihnen gar nicht sagen, wie oft ich ein Unternehmen beraten habe, bei denen jeder als »Teil der Firma« bezeichnet wurde. Auf die Frage: »Was sind die Ziele dieses Unternehmens? Woran haben Sie teil?« erntete ich meist leere Blicke. Die Leute konnten keine schlüssige Antwort formulieren. Sie hatten keine Idee.
- **»Wir sind eine Familie!«** Der Begriff Familie ist mit hohen Werten und Emotionen besetzt. Er evoziert Gefühle von Liebe, Geborgenheit, Fürsorge, Schutz, Fülle, Identität und Erbe. Sogar Leute, deren Ursprungsfamilie nicht die gesündeste war, tragen in ihrem Herzen eine Ahnung davon, wie sie sich ihr Zuhause ersehnt hätten.

  Eine Firma, die sich selbst als Familie bezeichnet, hat hochfliegende Ansprüche. Es soll bedeuten, dass die Menschen sich hier wirklich umeinander kümmern, die Interessen des anderen berücksichtigen, versuchen, die Fähigkeiten des anderen zu fördern, und das Beste von ihren Kollegen denken. Solange dies nicht der Realität entspricht, ist die Bezeichnung unpassend. Wenn Unternehmen Sommerfeste und Weihnachtsfeiern veranstalten, dann bedeutet das, dass sie Fortschritte bei der Schaffung von Zugehörigkeit machen. Das ist ein guter Anfang – und sehr viel mehr muss getan werden, um ein wirkliches familiäres Umfeld zu schaffen.

- **»Wir glauben an Alignment!«** Unternehmenslenker reden ständig darüber. Aber wenn ich mich mit ihnen zusammensetze, wissen sie nicht, was Alignment bedeutet. Es geht nicht einfach darum, die Belegschaft auf Linie zu bringen. Ich stand schon bei solchen Beratungen vor Gruppen von Führungskräften, die sieben Minuten Zeit hatten, um aufzuschreiben, worum es in der Firma überhaupt geht, und ihre Antworten drifteten weit auseinander. Es war mitleiderregend.

  In einer wirklich ausgerichteten Organisation kennt bis hin zum neuesten Mitarbeiter jeder die Ziele und die Motivation des Unternehmens. Jeder weiß, was die Firma anstrebt. Jeder kann benennen, worin der Wert für ihn persönlich liegt. Jeder kennt die Erwartungen der Kunden und wie mit dem umzugehen ist, was bei der Arbeit auf ihn zukommt.

- **»Wir sind der Mitarbeiterstärkung verpflichtet!«** Dieses Versprechen berührt die tiefe Sehnsucht eines jeden. Niemand will sich ohnmächtig fühlen; jeder Mensch sehnt sich danach, in dieser Welt etwas zu bewirken. Alle Menschen wollen ihren Geist nutzen, nicht nur ihre Hände und Füße. Sie wollen, dass das Unternehmen darauf vertraut, dass sie nur zu seinem Besten handeln. Aber wenn sie dann 10 Cent vom Geld des Unternehmens ausgeben und einen detaillierten Bericht schreiben müssen, wofür das Geld ausgegeben wurde, fühlen sie sich nicht gerade selbstbestimmt. Sie haben weit eher das Gefühl, dass das System ihnen keine intelligente Entscheidung zutraut. Sie sind nicht daran beteiligt, das Unternehmen voranzubringen; sie sind nur ein Zahnrädchen im Getriebe.

- **»Wir betreiben eine Politik der offenen Tür!«** Oberflächlich betrachtet signalisiert dies, dass man jederzeit an den Chef herantreten und mit ihm über jedes Thema sprechen kann. Man muss ihn oder sie nicht nach dem Mund reden, sondern kann seine Meinung sagen. Aber in viel zu vielen Unternehmen wagen es Mitarbeiter nicht, schwierige Themen auf den Tisch zu bringen. Sie fürchten, dafür bestraft zu werden. Sie haben gehört, was mit dem letzten Whistleblower passiert ist. Also halten sie lieber den Mund. Die Tür mag offen stehen, aber nur wenige tapfere Seelen bringen den Mut auf, die Schwelle zu übertreten.

Die Beliebtheit der TV-Show *Undercover Boss* beruht darauf, dass Führungskräfte sich trauen, ihr Eckbüro zu verlassen, um herauszufinden, was wirklich im Verkauf oder am Einsatzort vor sich geht. Da hören sie, wie Mitarbeiter ohne Furcht Dinge sagen, die schon vor langer Zeit angesprochen hätten werden müssen. Kein Wunder, dass Zuschauer die Sendung gern sehen. Ohne Zweifel wünschen sich viele, sie könnten so offen mit *ihren* Vorgesetzten sprechen.

DIE WORTE,
die eine
Führungskraft sagt,
sollten
wohlüberlegt sein
und keine
DUMMEN SLOGANS,
die einfach
herausposaunt
werden.

- **»Wir machen B2B [Business-to-Business]!«** Ja, aber die Unternehmen, denen Sie Ihre Waren oder Dienstleistungen anbieten, bestehen aus echten, lebendigen Menschen – Menschen mit Vorlieben und Abneigungen, Gefühlen und Meinungen, Wünschen und Sehnsüchten.

  Diese Menschen entscheiden darüber, ob sie weiterhin mit Ihnen Geschäfte machen wollen oder nicht. Wenn Sie zum Beispiel Halbleiterchips herstellen und an Hewlett-Packard, Dell oder Toshiba verkaufen, sind Sie Teil von etwas, bei dem es nicht nur um die Bearbeitung von Silizium in einem sterilen Raum geht. Chips reden nicht mit Motherboards. Als Hersteller produzieren Sie etwas, von dem Sie wollen, dass ein Unternehmen aus menschlichen Wesen es erwirbt für sein Endprodukt, von dem wiederum das Unternehmen möchte, dass andere menschliche Wesen es erwerben für ihr Zuhause oder ihren Arbeitsplatz.

  Wirtschaft ist nur ein zusammenfassendes Wort für diese mehrstufige Abfolge von sehr menschlichen Kontakten. Technische Begriffe sollten das nicht verschleiern.

Die Worte, die eine Führungskraft sagt, sollten sorgfältig gewählt sein und keine dummen Slogans, die einfach herausposaunt werden. Worte sind leicht dahingesagt; was zählt, ist ihre Bedeutung. Richtig genutzt, können Worte der Klebstoff sein, der eine Organisation zu einem wirklichen und effektiven Team verbindet.

Das Warum begreifen

Mitarbeiter werden in der Regel nicht dadurch beflügelt, indem sie hart für die Ziele anderer arbeiten – zum Beispiel um die jährliche Dividende zu steigern oder um ihren Boss vor dessen Vorgesetzen gut dastehen zu lassen. Was sie wirklich in Fahrt bringt, ist *ihr eigenes Ziel.* Wenn das Ziel mit dem übereinstimmt, was der Organisation am Herzen liegt, dann ist das eine Win-win-Situation für alle Beteiligten.

Was ist Mitarbeitern wirklich wichtig? Den Lebensunterhalt verdienen, natürlich – aber noch entscheidender ist, respektiert zu werden, sich nützlich zu fühlen, auf die getane Arbeit zu blicken und sie als »exzellent« zu bezeichnen. In einem Artikel in der *Harvard Business Review* schrieb der Harvard-Business-School-Professor Clayton Christensen: »Eine der Theorien, die hervorragend aufzeigt (…), wie wir sicher sein können, Glück in unserer beruflichen Karriere zu finden, stammt von Frederick Herzberg [einem brillanten Wirtschaftspsychologen, der vor rund 50 Jahren aktiv war; H. S.], der verfocht, dass der kraftvollste Motivator unseres Lebens nicht Geld ist; stattdessen ist es die Möglichkeit, zu lernen, in Verantwortlichkeiten hineinzuwachsen, andere zu unterstützen und für Leistungen Anerkennung zu erhalten.«[2]

Christensen wiederholte dies im Fazit seines Artikels: »Management ist die vornehmste aller Professionen, wenn dies richtig gehandhabt wird. Kein anderer Beruf bietet so viele Möglichkeiten, anderen behilflich zu sein, zu lernen und zu wachsen, Verantwortung zu übernehmen und für Leistungen gewürdigt zu werden und den Erfolg des Teams zu unterstützen … Geschäfte zu tätigen bringt nicht die tiefe Befriedigung hervor, die der Förderung von Menschen entspringt. Ich möchte, dass die Studenten meinen Seminarraum mit diesem Wissen verlassen.«[3]

Sicher, Geld spielt eine Rolle bei der Mitarbeitermotivation. Sie haben keine Chance, wenn Sie Arbeitern 50 Cents pro Stunde weniger zahlen als die Konkurrenz. Aber es ist nicht der wichtigste Faktor. Entscheidender ist, Teil eines erstrebenswerten Traums zu sein. Letzten Endes will die gewaltige Mehrheit der Menschen auf dieser Welt sich in irgendeiner Weise hervortun. Sie benötigt lediglich das richtige Umfeld dafür. Sie vertraut darauf, dass wir Führungskräfte ihr diese Voraussetzungen bieten.

Als ich in Deutschland aufwuchs, war Wilhelm Furtwängler der wohl größte Dirigent und Komponist seines Jahrhunderts. Seine Berliner Philharmoniker waren unglaublich. Er blieb in Deutschland bis fast zum Ende des Zweiten Weltkriegs und bereitete den Nazis Probleme, da er ihre abscheuliche Ideologie nicht teilte. Er verweigerte den Nazigruß oder seine Briefe mit »Heil Hitler!« zu unterzeichnen wie alle anderen. Das Naziregime wäre ihn gern losgeworden, wagte es aber nicht, weil seine Musik so verehrt wurde.

Jahre später sah ich das Fernsehinterview eines US-amerikanischen Musikers, der nach Kriegsende nach Deutschland geeilt war, um Teil des Orchesters dieses Mannes zu werden. Er wurde gebeten, seine Erfahrung zu beschreiben.

»Lassen Sie mich Ihnen vom ersten Tag erzählen«, erwiderte er. »Ich stand während der Probe im hinteren Bereich des Raums und studierte meine Partitur, weil ich im nächsten Satz mitspielen sollte. Aber ich konnte mich nicht konzentrieren; mir wurde klar, dass ich Musik wie diese, die gerade erklangt, nie zuvor gehört hatte. Sie hatte ein Niveau, das ich nicht für menschenmöglich gehalten hätte. Ich bekam eine Gänsehaut. Ich sah genauer hin und sah, dass nicht der Assistent die Probe dirigierte; es war Furtwängler selbst.«

Dieser Musiker überquerte nicht den Atlantik wegen eines Gehaltsschecks. Er tat es für den überwältigenden Wonneschauer der Exzellenz.

Wirkliche Führungskräfte haben hohe Erwartungen, von denen sie nicht abrücken wollen. Aber das schreckt ihre Getreuen nicht ab. Ja, diese werden mitunter aufseufzen und sagen, es wäre ganz schön schwer, die Führungskraft zufriedenzustellen, aber in ihren Herzen wissen sie, dass es die Mühe wert ist. Sie wollen ebenfalls die Besten werden. Und sie wollen, dass ihre Familie und ihre Freunde sie dafür bewundern.

Das richtige Fingerspitzengefühl

Menschen zu begeistern, um sie zur Exzellenz zu beflügeln, kann kompliziert sein, weil sie nun mal unterschiedlich sind. Ich erinnere mich an einen Assistant-Restaurant-Manager bei einem meiner ersten Jobs als Abteilungsleiter im Hyatt Regency in Chicago. Er war ein schlauer junger Mann, aber er erledigte die Arbeit nicht zu meiner Zufriedenheit. In meiner Unerfahrenheit tadelte ich ihn ziemlich heftig. Wir gerieten mehrfach in meinem Büro aneinander. Es kam so weit, dass ich schließlich meinen Kollegen in einem Meeting sagte: »Ich muss ihn entlassen.«

»Wirklich?«, fragt einer der Room-Manager. »Hätten Sie etwas dagegen, wenn ich ihn stattdessen unter meine Fittiche nehmen würde? Ich denke, er würde sich gut am Empfang machen.«

»Tun Sie es, wenn Sie es wünschen«, antwortete ich. »Ich denke nur, er passt nicht zu uns.«

Nun, der junge Mann machte sich sehr gut in seiner neuen Rolle. Ich musste mich fragen: *Wo habe ich versagt?* Ich hatte ihn zu sehr gedrängt und nicht bemerkt, dass er eher eine sanfte Hand benötigte. Unter einem anderen Führungsstil entwickelte er sich sehr gut. Er machte sogar richtig Karriere in der Hotelbranche.

Ich wäre besser gefahren, wenn ich ihn still und leise beiseitegenommen und gefragt hätte: »Was denken Sie, was ist da gestern passiert? Spiegelte das unser Motto ›Damen und Herren bedienen Damen und Herren‹ wider? Wie hätte das Event besser laufen können?« Im Rückblick bin ich mir sicher, dass er gute Antworten parat gehabt hätte.

James Autry drückt es passend aus: »Gutes Management ist vor allem eine Frage der Liebe. Oder – wenn Ihnen der Begriff unpassend scheint – nennen Sie es Zuwendung, denn gutes Management beinhaltet, sich um die Leute zu kümmern, nicht sie zu manipulieren.«[4]

Es lohnt sich

Im Laufe der Jahre habe ich mich immer wieder gefreut zu sehen, wie Menschen wie jener junge Mann sich weiterentwickelten, egal ob ich sie nun beflügelt hatte oder nicht. Ich liebe es, zu sehen, wie frühere Angestellte in die Welt ziehen, um Schlüsselpositionen in der Hotelbranche einzunehmen.

Vor nicht allzu langer Zeit nahm ich an einer großen Wiedereröffnung eines Hotels in Bali, Indonesien, teil, das zuvor zur Ritz-Carlton-Kette gehört hatte. Nun hatten die Eigner Capella gebeten, das Management zu übernehmen. Es war ein riesiger Empfang mit Hunderten wichtiger Menschen – Politiker, Dorfvorsteher, Reiseveranstalter, Reisevermittler und viele andere. Ich war eingeladen, eine kleine Ansprache zu halten über unsere Träume für die Zukunft dieses Hauses.

Danach wartete ein schüchterner junger Indonesier auf mich: »Haben Sie eine Minute, Mr. Schulze? Ich weiß, Sie sind ein vielbeschäftigter Mann.«

»Ja, natürlich können Sie mit mir sprechen«, antwortete ich.

»Mr. Schulze, ich war Bankettkellner, als Sie dieses Hotel als Ritz-Carlton eröffneten«, begann er. »Ich war bei der Einführung dabei, die Sie hielten, stand im Hintergrund und lauschte aufmerksam. Und nachdem Sie gegangen waren, nahm ich die Flipcharts, die Sie gemalt hatten, an mich. Ich ging nach Hause und studierte sie ein ums andere Mal. Ich kann immer noch jedes Wort wiederholen, das Sie gesagt haben. Heute bin ich Geschäftsführer eines Hotels in Ubud [eines von Balis bekanntesten Urlaubszielen], oben in den Bergen. Ich wollte Ihnen nur danken.«

Es war ein erfüllender Moment für mich. Es versüßte mir den Tag – oder besser: mein Jahr. Als ich später darüber nachsann, dachte ich daran, wie Karl Zeitler, mein erster Maître d', mich als Jugendlicher inspiriert hat, für Gäste zu sorgen. Nun hatte sich die Geschichte wiederholt. Herrn Zeitler ging es nie um die Anzahl der Gäste oder die Höhe ihrer Rechnung. Von ihm habe ich gelernt, mich nicht auf das Geld, sondern auf die Dinge zu konzentrieren, die das Geld *hereinbringen*.

Wann immer ich eine Einführung gebe, bete ich, dass zumindest eine Person dies verstehen wird, dass zumindest einer verinnerlicht, was ich sage, und dies in Zukunft beherzigt. In diesem Fall war das Gebet erhört worden.

Mitarbeiter zu begeistern ist lebensnotwendig für den Erfolg einer Organisation. Und manchmal trägt das mehr Früchte, als wir uns je vorgestellt hatten.

KAPITEL 10

DIE KLUFT ZWISCHEN MANAGEMENT UND ARBEITERSCHAFT ÜBERWINDEN

Sogar nachdem ich jetzt so viel dazu gesagt habe, wie Führungskräfte und Mitarbeiter vereint sind durch eine gemeinsame Vision, wie sie miteinander ein großes Ziel verfolgen, sind einige von Ihnen vielleicht immer noch skeptisch. *Nette Theorie, Horst*, denken Sie vielleicht, *aber bei uns* würde das nicht klappen. Die Standpunkte *von Management und Belegschaft sind viel zu verschieden.*

Vielleicht werden zu viele schlechte Erinnerungen wach an Mitarbeiter, die Dinge vehement forderten (mehr Geld, mehr Freizeit, bessere Sozialleistungen), sodass das Management befürchtete, dies würde den Gewinn beeinträchtigen. Aus so etwas erwachsen Konflikte und Feindseligkeiten. Der Aufstieg der US-Gewerkschaften im frühen 20. Jahrhundert (und sogar schon früher) ist ein Beleg dafür. Aber auch im Umgang mit anderen Menschen kann unter einer dünnen Schicht der Höflichkeit eine tiefe Animosität stecken.

Muss das Leben so sein?

Ein Ort der Zugehörigkeit

Ich habe jahrzehntelange Erfahrung in der Arbeit mit Gewerkschaften, insbesondere mit HERE (Hotel Employees and Restaurant Employees International Union; sie ist inzwischen Teil der größeren Gewerkschaft UNITE HERE). Lange habe ich darüber nachgedacht, warum Gewerkschaften einen so großen Zulauf haben. Ich bin zu dem Schluss gekommen, dass der Grund darin liegt, dass sie Arbeitern eine Gemeinschaft bieten – wenn dem Arbeitge-

Unter einer dünnen Schicht
der **HÖFLICHKEIT**

kann eine
tiefe **ANIMOSITÄT**
stecken.

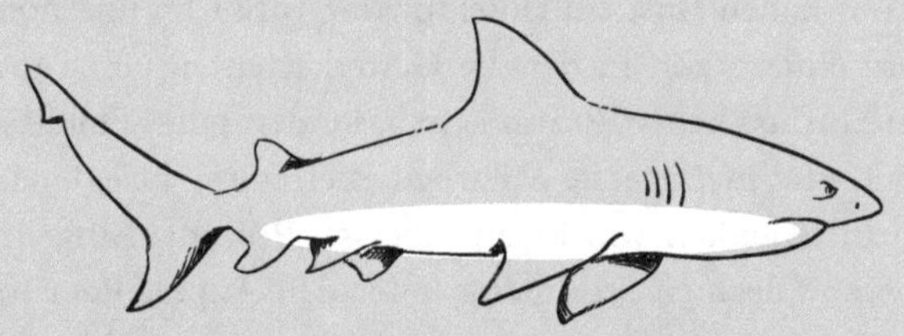

ber dies nicht gelingt. Der normale Arbeiter erkennt: »Hier ist eine Gruppe, mit der ich mich identifizieren kann. Sie kümmert sich um mich, während ich meinem Boss egal zu sein scheine.« Die Gewerkschaften füllen das emotionale Vakuum.

Das Wort »Union« verspricht Zusammengehörigkeit, Kameraderie, Gemeinsamkeit. Andere große Gewerkschaften wecken vergleichbare Gefühle, wenn sie sich als International *Brotherhood* – Bruderschaft – of Electrical Workers (IBEW) oder als *United* Auto Workers (UAW) bezeichnen.

Das zeigt schlicht, dass Menschen Teil von etwas sein wollen. Wenn sie nicht das Gefühl haben, an der Vision des Unternehmens beteiligt zu sein, werden sie sich angezogen fühlen vom Traum der Gewerkschaft, der darin besteht, für Rechte und Sozialleistungen der Arbeiter zu kämpfen.

Wir haben einst ein Hotel in New York City übernommen, einer Stadt, in der die Gewerkschaften einen großen Einfluss haben. Es war kein besonders gutes Etablissement, und meine erste Mitarbeiterbefragung belegte eine Jobzufriedenheit von knapp über 50 Prozent. Aufgrund dieser schlechten Stimmung unter den Angestellten war die Kundenzufriedenheit nicht viel höher – ein bisschen über 60 Prozent.

Der Geschäftsführer, den ich einstellte, schaffte es, für eine neue Geisteshaltung zu sorgen, indem er die Mitarbeiter einlud, sich vorzustellen, was aus diesem Hotel werden könnte: Wie können wir einen Fünf-Sterne-Service anbieten in dem stark umkämpften Hotelmarkt von New York City? Wie können wir uns einen guten Namen machen?

Zwei Jahre später lag die Mitarbeiterzufriedenheit bei 90 Prozent und die Kundenzufriedenheit bei 92 Prozent. In der Zwischenzeit war der Tarifvertrag erneuert worden. Die Mitarbeiter hatten darauf bestanden, dass unser »Kanon« mit seinen 24 Service-Standards (beschrieben in Kapitel 8) in den neuen Vertrag aufgenommen wurde! Sie sagten: *Das zeigt, wie wir sind. Darum es in diesem Hotel. Wir wollen, dass dies im nächsten Vertrag festgehalten wird.*

Als wir ein neues Hotel in San Francisco planten – eine weitere Hochburg der Gewerkschaften –, eröffneten wir es ohne Vereinbarung mit den Gewerkschaften. Sofort waren Demonstranten zur Stelle. Sie marschierten *drei Jahre lang* vor unserem Hotel auf und ab, während dieser Zeit erzwangen sie eine Wahl darüber, ob die Hotelmitarbeiter sich organisieren wollten. Unsere Mitarbeiter wiesen die Gewerkschaft ab. Sie hatten nicht das Gefühl, sie zu benötigen.

Sie lehnten dies nicht ab, weil wir sie deutlich besser als die gewerkschaftlich organisierten Hotels in der Stadt bezahlten. Unsere Gehälter entsprachen weitgehend denen der anderen. Es war eher das Gefühl der Zugehörigkeit, das die Mitarbeiter erfüllte. Sie fühlten sich bereits als Teil von etwas, das sie mit Stolz erfüllte.

An einem Strang ziehen

Den starrsten Widerstand, mit dem ich je konfrontiert war, erlebte ich, als Hyatt mich nach Pittsburgh (der Heimat der Stahlarbeitergewerkschaft) schickte, um ein heruntergekommenes Howard-Johnson-Hotel zu übernehmen, das Hyatt gerade erworben hatte. Die durchschnittliche Gastauslastung lag unter 30 Prozent. Ich werde niemals meinen ersten Rundgang an einem warmen Montag im Juni vergessen, als ein Portier mir zurief: »He, kommen Sie mal her!«

Ich ging zu ihm und warf einen Blick auf sein Namensschild: *Jim*.

»Wissen Sie, was ich hier tue?«, fragte er.

»Ja, Sie sind Portier, Sie begrüßen die Gäste«, antwortete ich.

Er öffnete die rechte Hand und offenbarte etwas, das ich niemals erwartet hätte: eine Rolle Münzen! »Ich halte das in meiner Faust«, erklärte er. »Falls ich jemandem ins Gesicht schlagen muss, breche ich ihm damit den Kiefer.«

Ich musste erst mal tief Luft holen. »Das ist interessant«, sagte ich. »Ich glaube, ich wusste gar nicht, dass es diesen Effekt haben kann.«

In diesem Moment bemerkte ich zwei oder drei Löcher in der Uniform, die das Hotel Jim stellte. Ich musste mir eingestehen: *Was kann ich von diesem Mann erwarten, wenn das Management ihm eine Uniform mit Löchern gibt?*

Die einzige andere Aussage, an die ich mich aus dieser Unterhaltung erinnere, war, als Jim sagte: »Sehen Sie, wenn Sie mit uns an einem Strang ziehen, sind Sie in Ordnung.«

»Nun«, antwortete ich, »ich bin aus genau dem gleichen Grund hier wie Sie: um einen guten Job zu machen. Also los, lassen Sie uns am gleichen Strang ziehen, indem wir gute Arbeit leisten für die Eigner, die Gäste und Sie, die Angestellten.« Ich ging davon und gab mir das Versprechen, dass Jim eines Tages die Hacken aneinanderschlagen würde, sobald er mich erblickte.

Nur wenige Stunden später – ich saß in meinem Büro – informierte mich meine neue Sekretärin in sorgenvollem Ton, dass die Gewerkschaft im Anmarsch sei. Wenig später trat eine Gruppe von fünf Männern mit strengen Mienen ein. Der Anführer – ein vierschrötiger Kerl, Walter genannt, der regionale Vizepräsident der Gewerkschaft – drehte seinen Stuhl absichtlich so, dass er sich von mir abwendete. Es wirkte wie eine Szene aus einem Film.

Walter machte sofort alles klar, indem er zu dem Mann neben sich sagte: »Frag ihn, ob er je gesehen hat, wie ein Auto hochgeht.«

Ich wartete nicht auf die Wiederholung. »Nein, ich glaube nicht«, erwiderte ich.

»Ich meine, mit jemanden drin«, führte Walter aus. Die Bedrohung meines persönlichen Wohlbefindens war offensichtlich.

Der Rest des Treffens bestand aus ominösen Warnungen: »Sie achten lieber mal auf *unsere* Leute … Sie respektieren *uns* besser mal … Sie behandeln *unsere* Leute besser richtig.«

Während des Sommers und bis in den Herbst lernte ich Walter recht gut kennen. Jeden Tag um ein Uhr stürmte er in den Bürobereich voller Sekretäre und brüllte: »Wo ist der verd***te Idiot?« An manchen Tagen wählte er für seine Beleidigung eine Obszönität, die sich auf meine Mutter und mich bezog.

In Windeseile stand er vor meinem Schreibtisch und zählte auf, was ich alles in den vergangenen vierundzwanzig

Stunden falsch gemacht hatte. »Sie haben gestern einen Arbeitszeitplan aufgestellt, ohne ihn vorher mit den Angestellten zu besprechen. Jetzt regt sich Charles über die Schichten auf, die Sie ihm zugeteilt haben. Was ist los mit Ihnen?«

Am nächsten Tag: »Einer *unserer* Leute kam heute Morgen eine halbe Stunde zu spät, und sein Vorgesetzter verwarnte ihn! Wie können Sie es wagen, ihn wegen so einer Kleinigkeit rundzumachen?«

Am nächsten Tag: »Das kleine Motivationsspiel Ihres Room-Managers für die Leute vom Housekeeping ist beleidigend! Sie behandeln uns wie kleine Kinder!«

Ich versuchte meine Handlungen zu erklären und beschrieb dabei das größere, übergreifende Ziel unserer Tätigkeit. Er nahm es mir nicht ab. Tag für Tag, Woche für Woche gingen die Tiraden weiter.

Doch eines Tages im Oktober erschien Walter nicht. Es wurde Viertel nach eins, dann halb zwei, dann Viertel vor zwei. Ich rief meine Abteilungsleiter zusammen und bat: »Erzählen Sie mir alles – wirklich alles – Schlechte, das gestern passiert ist.« Sie berichteten ein paar kleine Dinge, aber nichts Wesentliches.

Ich sauste aus meinem Büro und lief acht Blocks zum Gewerkschaftshaus. Ich trat direkt ein und wollte wissen: »Wo ist Walter?«

»Er ist in einem Meeting«, sagte der Mann an der Rezeption. »Es ist eine Führungssitzung.«

Ich wandte mich zur Tür des Konferenzraums.

»Sie können da nicht rein!«

Ich ignorierte dies, schritt direkt in den Raum und marschierte dahin, wo Walter saß. »Wo waren Sie heute?«, blaffte ich ihn an. »Wir hatten Geschäftliches zu besprechen, und Sie sind nicht gekommen. Sie könnten mich wenigstens anrufen und sich für das Fernbleiben entschuldigen.«

Sein Gesicht wurde rot. »Sie können hier nicht einfach reinkommen«, brüllte er.

»Sehen Sie, ich sage Ihnen, stehen Sie auf der Matte, dann können wir gemeinsam aktiv werden für *Ihre* Mitglieder und *meine* Angestellten!« Dann ging ich hinaus. Ich gratulierte mir selbst dafür, ihr Bild von mir durcheinandergebracht zu haben.

Später wurde mir erzählt, nachdem ich den Raum verlassen hatte, hätte Walter zu seinen Ordnern mit einem Grinsen gesagt: »Dieser Hu***sohn mag es!« Keiner von ihnen konnte verstehen, warum ihre Drohgebärden bei mir nicht funktionierten.

Heißer Kaffee an einem kalten Tag

Das Verhältnis zur Gewerkschaft war nach dieser Konfrontation etwas ausgeglichener. Aber es blieb ein tiefes Misstrauen. Die Weihnachtssaison kam näher. Hyatt erklärte zu jener Zeit, dass jedem Mitarbeiter ein Truthahn für die Feiertage zustand.

Walter und seine Gewerkschaftsführer zeigten sich nur wenig erkenntlich. »Was zum …? Versuchen Sie, unsere Mitglieder zu bestechen?«, schimpfte er. Buchstäblich innerhalb von Minuten wurde ein Streik ausgerufen. Die Mitarbeiter marschierten vor dem Hotel im Kreis und skandierten Protestslogans, während sie hastig gefertigte Schilder mit der Aufschrift »Unfair gegenüber der Arbeiterschaft« hochhielten.

Bevor sie aus der Tür gestürmt waren, hatten sie ein Präsent hinterlassen: Sie hatten an jeder Kasse eine Taste gedrückt – am Empfang, in der Bar, im Restaurant –, sodass die Geldschublade offen stand und jeder Gast, der vorbeikam, sich selbst bedienen konnte.

Das geschah an einem sehr kalten Wintertag. Ich rief die Abteilungsleiter von Küche und Restaurant zusammen und sagte: »Los, bereitet heißen Cider vor. Klaubt zusammen, was immer wir an Plundergebäck und heißem Kaffee haben. Wir bringen das nach draußen zu den Streikenden.« Ich wusste, dass wir uns beeilen mussten, denn die Fernsehkameras würden bald da sein; sie berichteten von jedem Streik in Pittsburgh.

Als die Medien eintrafen, waren mein Team und ich mitten dabei, den Gewerkschaftsmitgliedern eine warme Stärkung zu servieren.

»Was machen Sie da?«, wollte ein verwirrter TV-Reporter wissen und hielt mir ein Mikrofon vor die Nase.

»Das sind immerhin unsere Mitarbeiter«, antwortete ich. »Die Tatsache, dass es ein Missverständnis gab, sodass sie für ein Weilchen nicht arbeiten, ändert nichts an der Tatsache, dass sie eine lebenswichtige Rolle für das Hotel spielen und mir am Herzen liegen. Es ist kalt hier draußen. Ich dachte darum einfach, dass sie ein heißes Getränk und etwas Süßes haben sollten.«

Sie können sich vorstellen, wie gut das in den Abendnachrichten rüberkam.

Die Wende

Von diesem Zeitpunkt an wurden unsere Treffen ziviler. Walter hörte auf, mich mit unhöflichen Ausdrücken zu belegen, stattdessen sagte er nun »der Deutsche« oder »der Kraut«. Zwei Jahre später kamen die Gewerkschaft und ich hervorragend miteinander aus, und wir hatten das Image des Hotels vollständig verändert.

Wir hatten widerlegt, was ein junger PR-Berater am Ende eines Einführungstreffens gesagt hatte: »Horst, ich muss Ihnen etwas sagen, da Sie neu in der Stadt sind. Sie können hieraus niemals ein großartiges Hotel machen.« Als ich ihn fragte, warum nicht, antwortete er: »Sie verstehen es nicht, nicht wahr? Sie sind hier im Hill District. Das ist ein Schwarzenviertel. Sie können diese Tatsache nicht leugnen.« Ich sagte ihm postwendend, dass wir seine Dienste nicht benötigten.

Es kam der Tag, da die Stadt einen Lunch für die Spitzen der Interessenverbände gab – für die Chefs der Autohändler-Vereinigung, der Bildungsverbände, der Gesundheitsverbände und weitere. Dies waren wichtige Menschen für uns, da sie das Hotel für Konferenzen und andere Events buchten. Der Bürgermeister war der Hauptredner. Er stand auf und sagte: »Was müssen wir hier in Pittsburgh in Bewegung bringen? Wir müssen uns an den neuen Realitäten ausrichten. Wir müssen kreativ werden. Wir müssen die Stadt neu erfinden.

Ich rede nicht nur von unserer Infrastruktur. Wir schaffen keinen Neuanfang allein durch Baumaßnahmen. Wir müssen eine Wiedergeburt des Geistes kreieren. Wir müssen schaffen, was mit dem Hyatt im Hill District gemacht wurde. Es hat sich vollständig gewandelt. Wir müssen diese Stadt zu einer machen, die jeder gern besuchen will.«

Ich saß an meinem Tisch und musste lächeln.

Wenig später schickte mich die Firmenleitung zu einem Hyatt Regency in Dearborn, Michigan, einem Vorort von Detroit. Als ich den Portier Jim das letzte Mal sah, hellte sich sein Gesicht auf, und er sagte: »Hallo, Mr. Schulze!« Wir hatten unser gemeinsames Ziel erreicht, das beste Hotel, das sauberste Hotel, das freundlichste Hotel zu werden, der Exzellenz verpflichtet, besser als unsere Konkurrenz in jeder Hinsicht – sogar im Einklang mit der Gewerkschaft. In der Tat war die Gewerkschaft nicht länger ein Erschwernis, sondern ein wichtiger Faktor unseres Erfolgs.

Und es war besonders erfreulich zu hören, dass Walter den Gewerkschaftschef in Detroit angerufen hatte, um ihm zu sagen: »Der Deutsche kommt in eure Gegend. Er ist ein guter Mann. Es ist in Ordnung, wenn ihr mit ihm zusammenarbeitet.«

Die Suche nach Glückseligkeit

Das Verhältnis zwischen Führungsetage und Arbeiterschaft besteht aus sehr viel mehr als nur Tarifverhandlungen und Arbeitsrichtlinien. Der griechische Philosoph Aristoteles lehrte uns schon vor Jahrhunderten: »Das auf Gelderwerb gerichtete Leben hat etwas Unnatürliches und Gezwungenes an sich, und der Reichtum ist das gesuchte

Gut offenbar nicht. Denn er ist nur für die Verwendung da und nur Mittel zum Zweck.«[1]

Aber zu welchem Zweck? Aristoteles nennt diesen »Glückseligkeit« und gibt sich viel Mühe, das zu erklären. Für manche Menschen, so Aristoteles, geht es vor allem um *Genuss*, den sie durch den Gelderwerb zu erlangen hoffen. Für die edleren und talentfrohen Naturen heißt das Ziel *Ehre*, ihnen geht es um das Wissen, dass sie qualitativ hochwertige Arbeit geleistet haben und dass andere sie dafür ehren.

Ich denke, das ist der Kern jeder Arbeitsbeziehung. Mitarbeiter sehnen sich nach der Glückseligkeit der Erfüllung. Ja, sie brauchen den Lohn. Aber auf einer tieferen Ebene möchten sie sagen können, dass sie etwas Exzellentes geleistet haben. Sie möchten sich nicht einfach fünf (oder sechs) Tage pro Woche abschuften, um nur am Wochenende glücklich zu sein. Sie möchten Glückseligkeit mit dem Verdienen des Lebensunterhalts verbinden.

Ich spreche nicht nur von den Millennials. Diese werden manchmal dafür kritisiert, dass sie beständig fragen: »Was springt dabei für mich raus?« Das ist jedoch nichts Neues. Ältere Generationen hatten die gleichen Ziele und Motive; wir haben uns nur nicht getraut, danach zu fragen. Millennials sprechen es direkt an, sie wollen wissen, was es ihnen bringt.

Wenn wir als Führungskräfte unseren Mitarbeitern über alle Altersklassen hinweg einen Traum vermitteln können, der es wert ist, geteilt zu werden, erhalten wir im Gegenzug den Arbeitskampf, den wir verdienen.

TEIL III

WAHRE FÜHRUNGSKRAFT ENTWICKELN

KAPITEL 11

FÜHRUNG KANN MAN LERNEN

Wie oft haben Sie jemanden von einem erfolgreichen Sportler (oder Politiker, Geistlichen oder Unternehmer) sagen hören: »Das ist eine geborene Führungspersönlichkeit.«

Mir fällt dazu ein Zitat von Shakespeare ein. Im zweiten Akt des Dramas *Was ihr wollt* findet der angespannte Malvolio einen Brief, der angeblich von der Frau stammt, die er für sich gewinnen will. Darin steht: »Einige werden hoch geboren, einige erwerben Hoheit, und einigen wird sie zugeworfen. Dein Schicksal tut dir die Hand auf; ergreife es mit Leib und Seele!«[1]

Ist Führungskraft vor allem eine Frage des Schicksals? Liegt sie in der DNA? Ist sie eine angeborene Fähigkeit? Manche Menschen gehen davon aus. Eine Website mit dem Namen BC Technologie verkündete vor ein paar Jahren selbstbewusst:

> *Leader werden geboren, nicht gemacht. Sie haben es entweder – oder eben nicht. Die Leadership-Gene sollten im Genom kartiert werden, damit wir frühzeitig einen einfachen Bluttest machen können und jede Menge Geld und Leid jenen ersparen, die versuchen, zu führen, daran jedoch elend scheitern …*
>
> *Entscheidende Elemente von Leadership sind in der Tat zentrale Bestandteile Ihrer Persönlichkeit. Sie haben entweder Charisma oder eben nicht. Sie werden geboren mit der Liebe zur harten Arbeit oder Sie sind faul. Sie verströmen Selbstbewusstsein aus jeder Pore oder Selbstverachtung.*[2]

Ich bin anderer Ansicht. Ich habe zu viele Führungspersönlichkeiten kennen gelernt (inklusive mir selbst), die wenig Geschick zeigten bei ihren ersten Versuchen, das Kommando zu übernehmen. Sie hätten keinen Beliebtheitswettbewerb gewonnen, und auf ihren Erfolg hätte niemand gewettet. Sie hatten weder »das Aussehen« noch das angeblich notwenige Temperament für Führung.

Einige starke Führungskräfte sind ziemlich umgänglich, andere sind eher bedächtig. Sie reden nicht viel, aber wenn sie es tun, lohnt es sich, zuzuhören. Mit anderen Worten: Führungskräfte haben nicht alle dieselbe Persönlichkeit. Nehmen Sie zum Beispiel die Apostel, die Jesus wählte, sie reichten vom trotzigen Petrus bis zum zweifelnden Thomas. Jesus erwählte auch den pfiffigen Matthäus, einen ehemaligen römischen Zöllner, wie auch den Hitzkopf Simon Zelotes.

Wie Susan Cain in ihrem Bestseller *Still. Die Kraft der Introvertierten* schreibt: »Anders als es das an der Harvard Business School favorisierte Modell der wortgewandten Führung vermuten lassen würde, gibt es unter den effektiven Firmenchefs eine ganze Reihe Introvertierter, darunter Charles Schwab, Bill Gates, Brenda Barnes (Geschäftsführerin von Sara Lee) und James Copeland (ehemaliger Geschäftsführer von Deloitte Touch Tohmatsu).«[3]

Jeder, unabhängig von seiner Veranlagung, kann die innere Stärke aufbringen, zunächst sich selbst zu führen, bevor er versucht, andere zu führen. Was beinhaltet das? Es bedeutet, sich auf die Zukunft zu konzentrieren, ein erstrebenswertes Ziel festzulegen, das allen Beteiligten Vorteile bringt, und dann einen Weg zu finden, wie dies den Mitarbeitern oder Anteilseignern vermittelt werden kann.

Auf diese Weise entwickeln sich Führungskräfte im Laufe der Zeit weiter. Sie benötigen dafür keine Magie unbekannter Herkunft. Sie disziplinieren sich selbst, um eine klare Vision zu entwickeln, und dann machen sie sich daran, diese zu verwirklichen. Natürlich machen sie nicht auf Anhieb alles richtig, aber sie lernen aus ihren Fehleinschätzungen und suchen nach Wegen, das nächste Mal effektiver zu sein.

Manchmal habe ich die Gelegenheit, bei College-Abschlussfeiern zu sprechen. Den aufgeregten Absolventen, die in ihren Roben und Doktorhüten vor mir sitzen, sage ich dann Folgendes:

> *Heute können Sie nicht umhin, zu fühlen, dass Sie etwas erreicht haben. Sie haben einen Abschluss erworben. Aber schließen Sie für einen Moment die Augen und fragen Sie sich, wo Sie in fünf Jahren sein wollen. Haben Sie einen reellen Plan? Haben Sie eine Vision, die Ihnen wundervoll erscheint? Beruht sie auf Werten? Oder gehen Sie einfach hinaus in die Welt und schauen mal, was passiert? Wenn Sie zum Beispiel Elektroingenieur werden wollen, was müssen Sie dafür tun? Müssen Sie dafür ein Aufbaustudium machen? Worin bestehen die Schritte, die Sie zu Ihrem Ziel führen? Wenn Sie in zwanzig Jahren am Ende Ihres Weges angelangt sind und zurück auf Ihr Leben blicken, was werden Sie dann sehen? Werden Sie stolz Bilanz ziehen oder haben Sie sich im Nebel verirrt?*

Am Ende erhalte ich dann Applaus. Absolventen kommen im Anschluss zu mir und sagen: »Tolle Rede!« Ein Uni-Absolvent hat sogar aus meinen Aussagen einen Rap-Song gemacht und ihn auf YouTube gepostet.

Was ich sagen will: Führungspersönlichkeiten sind Träumer. Sie visieren erstrebenswerte Ziele an, die nicht nur für sie, sondern ebenfalls für ihre Familien, ihre Kollegen, ihre Mitarbeiter, ihre Kunden, ihre Investoren und für die Gesellschaft insgesamt gut sind. Wenn es ihnen nur um persönlichen Ruhm oder Reichtum ginge, würde das Leben sie womöglich überfahren. Doch wenn sie ausziehen, um der Welt etwas Besonderes zu geben, können sie es weit bringen.

Visionen erfordern Entscheidungen

Ist eine Vision erst einmal entworfen, beginnt die praktische Umsetzung – nämlich das Treffen von bewussten Entscheidungen, wie die Vision Wirklichkeit werden kann.

Wenn ich zum Beispiel sage: »Ich träume von einer großen Hochzeit, darum habe ich beschlossen, meine Frau zu lieben«, muss ich mir klarmachen, was das beinhaltet. Es bedeutet, dass ich ihren Bedürfnissen und Wünschen Beachtung schenke. Ich beschütze sie so gut wie möglich vor Gefahren, seien diese physisch oder finanziell. Ich teile mit ihr die anstrengenden Aufgaben, die zum Großziehen von Kindern dazugehören. Ich freue mich mit ihr über ihre Erfolge, ganz gleich ob häusliche oder auch solche jenseits davon. Die Liste könnte man endlos weiter ausführen – sie umfasst das, was aus meinem Entschluss folgt, meine Frau zu lieben.

Wenn ich davon träume, eine große Möbelkette aufzubauen oder einen erfolgreichen Taxiservice, oder es mir zur Aufgabe mache, den Armen effektiv zu helfen, dann habe ich entsprechende Entscheidungen zu treffen. Führungsvermögen hat viel zu tun mit bewusster Entscheidungsfindung. Es geht darum, sich zu klarzumachen, dass bestimmte Dinge *geschehen werden*, weil Sie sie unablässig verfolgen. Sie werden dafür sorgen, dass Ihnen nichts den Weg versperrt.

Im Folgenden schildere ich Ihnen vier meiner Entscheidungen, die mir geholfen haben, meine Vision zu verwirklichen. Sie können sie sicherlich an Ihre Situation anpassen.

Entscheidung Nummer eins: danach streben zu begeistern

Weil Mitarbeiter wichtig sind, werde ich ein Umfeld schaffen, in dem sie erfolgreich arbeiten wollen. *Ich werde einladen, nicht diktieren. Ich werde Ergebnisse erzielen durch das Begeistern von Mitarbeitern, nicht durch Kontrolle oder Dekrete.* Wenn Sie der Boss sind, können die Fußangeln der Hierarchie Sie dazu verführen, zu denken, dass Sie den Leuten um Sie herum Befehle erteilen können. Sie haben die Macht – und das fühlt sich gut an, nicht wahr? Wenn die Mitarbeiter nicht tun, was Sie wollen, können Sie sie entlassen. Es ist schließlich und letztendlich Ihre Show.

Ja, das entspricht der Wahrheit. Aber mit dieser Geisteshaltung werden Sie nicht die besten Ergebnisse erzielen. Wenn Mitarbeiter spüren, dass Sie ihnen nicht wirklich vertrauen, dass Sie in erster Linie mit Argusaugen nach Fehlern suchen, dann schwindet die Produktivität. Aller Vorwärtsdrall ist dahin.

Das Unternehmen, das Sie wollen, ist eines voller Energie und Initiative, ja voller Freude. Das gelingt, wenn die

Führungskraft ein Klima gefördert, das andere inspiriert, Exzellenz anzustreben. Sie als Chefin oder Chef haben einfach mehr Kraft, wenn Menschen Ihnen folgen wollen, statt vor Ihnen wegzulaufen.

Aber gleichzeitig gibt es eine weitere Entscheidung, die gefällt werden muss …

Entscheidung Nummer zwei: sich nicht mit weniger begnügen

Ich werde mich nicht mit etwas begnügen, das geringerwertiger ist als meine Vision. Ausreden werden nicht akzeptiert, weder welche von mir noch welche von jenen, die mit mir arbeiten. Wie ich schon zuvor sagte: Ausflüchte oder »Erklärungen« sind weder angemessen noch hilfreich. Aus ihnen resultiert kein Fortschritt.

Eines Winters bemerkte ich, dass die Belegungsrate unseres Hotels in Boston im Januar unter 55 Prozent lag. Wir hatten jedoch mit 68 Prozent kalkuliert. Ich rief den Geschäftsführer in Boston an.

»Was ist los?«, fragte ich. »Wie kommt es, dass wir nur 55 Prozent hatten im letzten Monat.«

»Wissen Sie, wir hatten einen fürchterlichen Schneesturm. Nur Schnee und Eis – es war schrecklich.« Der Mann hatte die Zielvorgaben nicht mehr im Blick; er hatte sich mit der Erklärung abgefunden.

»Nun, offen gesagt«, erwiderte ich, »ich habe nicht wegen des Wetterberichts angerufen. Ich möchte Folgendes wissen: Wie war die Belegungsrate im Copley Plaza [unserem größten Konkurrenten im Luxussegment in der Bostoner Innenstadt]?«

»Die war auch nicht so toll«, antwortete der Geschäftsführer.

»Ich vermute, dass das bedeutet, dass zumindest ein paar Zimmer belegt waren«, sagte ich. »Ich möchte wissen, warum die Gäste nicht stattdessen zu uns gekommen sind. Sie können mir nicht erzählen, die Gäste steigen am Logan Airport aus und sagen sich: ›Wegen des Schneesturms geh ich lieber ins Copley Plaza.‹ Der springende Punkt ist: Wenn Sie sich dieses Jahr zufriedengeben mit einer niedrigen Rate, dann haben wir auch im nächsten Jahr Probleme. Es wird auch im nächsten Winter wieder viel schneien. Die Frage ist, was Sie deswegen *tun* wollen? Ich sage, fangen Sie an, Werbung zu machen für Ihr Haus; vermitteln Sie den Leuten: ›Das ist Ihre Chance, Luxus zu günstigen Konditionen zu erleben.‹«

Ich wies ihn außerdem an, zu analysieren, welche Unternehmen und Organisationen ihre Jahrestreffen in Boston während der Saison abhielten und diese dann schnell für nächstes Jahr zu umwerben. Wir boten ihnen einen Preisnachlass, wenn sie im Voraus zahlten. Das Ergebnis war, dass wir anderen Hotels die Kunden wegschnappten.

Ich bezahle Menschen nicht dafür, sich »Erklärungen« auszudenken; ich bezahle sie, damit sie Antworten finden. In den Wochen nach dem 11. September 2001 stellte ich fest, dass einige unserer Hotelmanager erleichtert waren, dass sie nicht darüber nachdenken mussten, warum die Buchungsrate so niedrig war. Sie hatten die ideale Ausrede: *Niemand reist; die Wirtschaft stockt überall.* Aber das ist nicht die richtige Einstellung.

Wenn jemals jemand eine gute Ausrede für maue Geschäfte gehabt hätte, dann die Läden in Houston, als Hurrikan Harvey im August 2017 auf die Küste traf mit Windgeschwindigkeiten von bis zu 240 Stundenkilometern und Regenmengen von 300 bis 600 Liter pro Quadratmeter, und das in der viertgrößten Stadt der USA. Arbeitnehmer wurden durch die Wassermassen obdachlos, Straßen waren unpassierbar; das Stromnetz brach zusammen und Dutzende Menschen ertranken.

Aber das hat die Lebensmittelkette H-E-B nicht davon abgehalten, ihre Kunden weiterhin zu versorgen. Nachdem der Hurrikan über das Land gefegt war, waren innerhalb von sechsunddreißig Stunden sechzig von dreiundachtzig Filialen im Gebiet von Houston wieder geöffnet. Scott McClelland, der Präsident von H-E-B in Houston, berichtete von den außerordentlichen Maßnahmen, die er und sein Team in diesen fürchterlichen Tagen und Nächten ergriffen hatten: »Wir wussten zunächst, dass der Sturm am Dienstag kommen sollte [also vier Tage im Voraus] … wir begannen Wasser [in Flaschen] und Brot in die gefährdeten Gegenden zu liefern. Das sind die beiden Dinge, die Menschen zuerst kaufen. Wenn ein Hurrikan bevorsteht, braucht niemand Tiefkühlkost. Alle benötigen Milch, Brot, Wasser. Sie brauchen Batterien, sie wollen Fleischkonserven. Sie wollen Thunfischkonserven.«

Viele der Fahrer der Liefertrucks von H-E-B saßen zu Hause fest oder hatten gar ihr Heim verloren. Darum ließ McClelland Fahrer aus San Antonio, dem Hauptsitz des Unternehmens, mit Helikoptern einfliegen. »Der Flaschenhals bestand darin«, so McClelland, »genug Fahrer zu finden, um unsere Trucks mit der Ware loszuschicken.« (Für einen Tag mussten sie die Flüge einstellen, weil Präsident Trump in die Gegend kam, deshalb war der Luftraum gesperrt.)

McClelland berichtete, dass er und seine Leute sich an Proctor & Gamble und an Kimberly-Clark wandten und diese baten, ganze Containerladungen Toilettenpapier und Küchenkrepp direkt an die Geschäfte zu liefen. »Ein Laden sollte eine Hälfte des Containers nehmen«, so McClelland, »und ein zweiter Laden die andere Hälfte: ›Überspringen Sie unser Zentrallager, dann geht es schneller.‹ Auf diese Weise konnte ich die Leistungsfähigkeit der Lieferkette erhöhen. ›Schicken Sie die Trucks direkt hierher – hier sind die Läden, die Sie anfahren können – und halbieren Sie die Container: Füllen Sie sie zur Hälfte mit Küchenkrepp und Toilettenpapier.‹«

McClelland schilderte dem Interviewer außerdem: »Ich rief Frito-Lay an und sagte, […] ich brauche Lay's, Doritos, Fritos. Ich brauche Sortimentspackungen. Keine Funyuns und keine Munchos. Nur die Verkaufsschlager. Ich werde keine Lieferung ablehnen. Wir nehmen alles so schnell wie möglich.«

Im Unternehmen herrschte eine so große Motivation, dass Arbeitnehmer aus anderen Regionen freiwillig halfen. Bis zu achtzehn Stunden lang reinigten sie die Läden und befüllten die Regale, dann schliefen sie auf irgendeiner Couch bis zum nächsten Sonnenaufgang, um weiterzumachen.

Nach fünf Tagen, so McClelland, lagen »die Verkäufe gerade einmal 4 Prozent unter denen des Vorjahres. Und das, obwohl ein Teil der Läden nicht an allen Tagen geöffnet hatte. Ich schaffe das. Ich werde die Woche mit höheren Verkaufsraten als ein Jahr zuvor abschließen. Aber offen gesagt, waren die Verkäufe die geringsten meiner Sorgen.

Ich bin das Gesicht der Werbespots für H-E-B in Houston, darum kennen mich die Leute. Als ich die Läden betrat, kamen Menschen auf mich zu und umarmten mich; sie dankten uns, dass wir uns die Mühe machten, die Läden offen zu halten, denn das Kroger auf der anderen Straßenseite war nicht geöffnet. Der Walmart die Straße hinunter war nicht geöffnet. Eine Frau kam herein und begann zu weinen, sie umarmte mich, um uns dafür zu danken, dass wir geöffnet hatten.«[4]

Das klingt für mich nach einem Mann und einem Unternehmen, die sich ganz auf ihre Vision von Service konzentrieren, ohne jede Ausflucht, dass etwas »nicht getan werden kann«.

Entscheidung Nummer drei: Lassen Sie nichts Ihre Vision überlagern

Ich werde nicht zulassen, dass Wachstum und die steigende Komplexität meines Unternehmens die Vision beiseite drängen. Je größer eine Organisation wird, umso komplexer wird sie, umso mehr Menschen werden eingestellt, umso mehr Abteilungen werden eingerichtet – und während sich alles prächtig entwickelt, wächst die Gefahr, die Vision zu vernachlässigen. Wenn nun etwas Negatives geschieht, erlassen Manager Richtlinien, damit sich dies nicht wiederholt. Im nächsten Monat passiert etwas anderes, und eine weitere Regel wird formuliert. Schnell wächst das Regelwerk auf 400 Seiten an.

Das nennt man Bürokratie. Die Folge: Menschen haben Angst, die Regeln und Regulatorien zu verletzen. Wachstum verkümmert, ebenso die Kreativität.

Wir alle kennen Unternehmen, die zunächst wendig und dynamisch waren bei der Verfolgung ihrer Vision, aber über die Jahre wurden sie dick und träge. Die Beweggründe für die Arbeit verändern sich: Nachdem zunächst der Aufbau einer tollen Organisation im Vordergrund stand, geht es nun um die Verteidigung der eigenen Scholle, um die Vermeidung von Schwierigkeiten und Störungen.

Damit dies nicht geschieht, ist eine weitere Entscheidung wichtig, die eine Führungspersönlichkeit treffen muss.

Entscheidung Nummer vier: stets nach Verbesserung streben

Ich werde immer die Augen offen halten, um Verbesserungsmöglichkeiten und Wege zu mehr Effizienz zu entdecken. Wahre Führungspersonen hören nicht auf, zu fragen: »Wie können wir diesen Prozess verbessern? Wen kann ich um Hilfe bitten, einen besseren Ansatz zu erdenken? Bin ich bereit, Dinge zu hören, die nicht meiner vorgefassten Meinung entsprechen?« Albert Einstein soll gesagt haben: »Wenn eine Idee nicht zuerst absurd erscheint, taugt sie nichts.«[5]

Ich habe vor langer Zeit in der Hotelbranche damit begonnen, die Belegschaft am Tag nach dem Thanksgiving-

INNOVATION
wird oftmals unter-
drückt im Namen der
TRADITION

Wochenende zusammenzurufen und zu fragen: »Okay, was sagen die Kunden? Was können wir besser machen? Was sollten wir im nächsten Jahr anders angehen?« Jeder kann hier seinen Teil beitragen. Das ist nicht bloß leeres Gerede; wir halten die Rückmeldungen in einem Plan fest, der bis zum 15. Dezember fertig sein muss. Nach der Weihnachts- und Neujahrshektik wiederholen wir dies.

Der alte Satz »Das haben wir noch nie so gemacht« hat in einer gesunden Organisation nichts zu suchen. Innovation wird oft unterdrückt im Namen der Tradition. Wenn Mängel offenbar werden, müssen wir darüber reden. Wir müssen einander beständig mitteilen, was wir das nächste Mal besser machen können.

Sind Sie wirklich eine Führungspersönlichkeit?

Führung impliziert, das jemand ein Ziel im Blick hat und Menschen dorthin mitnimmt. Manager machen das nicht; sie managen nur Prozesse und bringen Dinge auf den Weg. Führungspersönlichkeiten hingegen versuchen eine Umgebung zu schaffen, in der Mitarbeiter tun wollen, was notwendig ist, um das Ziel zu erreichen.

Irgendwann im Laufe meiner Karriere war ich verantwortlich für 65 Hotels. Ich analysierte jedes einzelne und kam zu dem Schluss, dass ich fünf Führungskräfte und sechzig Manager hatte. Das war ein Weckruf.

Wie konnte ich das verbessern? Ich fragte jeden einzelnen Geschäftsführer: »Wo wird dieses Hotel nächstes Jahr stehen?« Viel zu oft hörte ich: »Wenn ich einen größeren Ballsaal hätte … wenn wir uns umstrukturieren könnten … wenn die Arbeiter in dieser Stadt eine bessere Arbeitsmoral hätten …« Ausreden, Ausreden. Zwei von ihnen behaupteten gar, ihr Haus könne als »starker Durchschnitt« bezeichnet werden. Bitte was? Das wäre das untere Ende von »gut« und die Spitze von »schlecht«.

Von den fünf Führungskräften jedoch hörte ich zum Beispiel Folgendes: »In einem Jahr wird jeder in dieser Gemeinde das Hotel lieben! Das wird wirklich aufregend.« Sie steuerten eine wunderbare Zukunft an, und sollten sie unterwegs in eine Schlammpfütze stolpern, würden sie sofort wieder aufspringen und den Horizont erneut in den Blick nehmen. Sie wollten sich und ihre Leute auf dieses Ziel zu führen.

Die folgende Abbildung fasst die wichtigsten Punkte dieses Kapitels zusammen:

- Es beginnt damit, die *Vision zu verstehen*: Worin besteht die Unternehmensvision? Was bedeutet das für mich?
- Danach kommt die *bewusste Entscheidung, die Vision zu verwirklichen.* Aber behalten Sie diese nicht als Geheimnis für sich. *Kommunizieren* Sie sie deutlich jedem in Ihrem Team.
- Dann ist es an der Zeit, einen Plan zu entwerfen, die einzelnen Umsetzungsschritte auszuformulieren, die auf die Vision abgestimmt sind, und sich nicht von Störungen ablenken zu lassen.
- Viertens ist wichtig, die ganze Zeit *fokussiert zu bleiben.* Keine Ausreden oder Rationalisierungen!

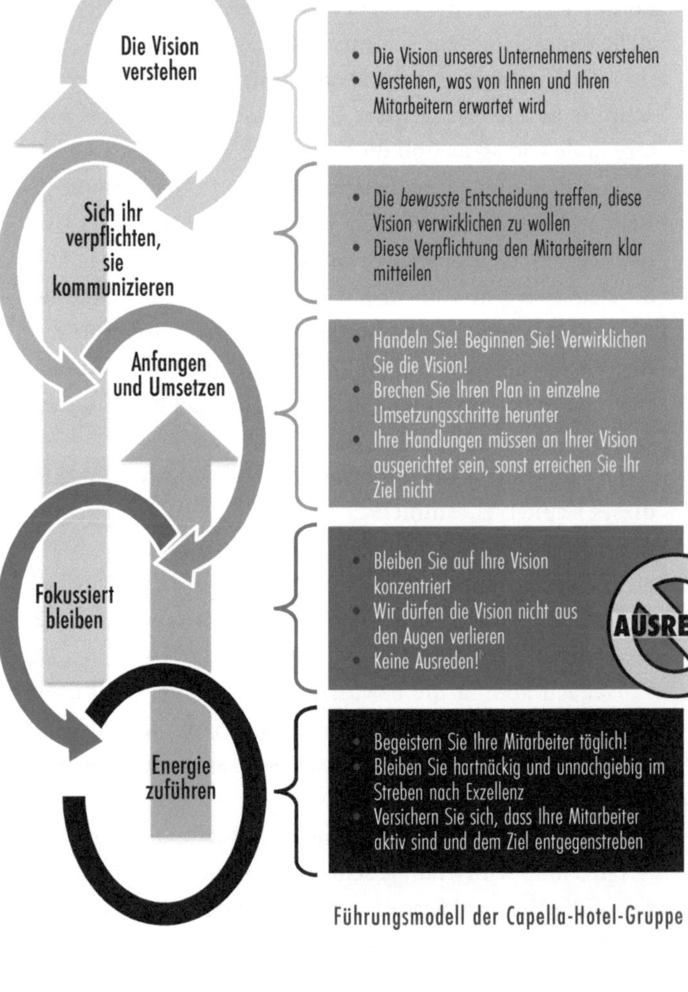

Führungsmodell der Capella-Hotel-Gruppe

- Und schließlich geht es darum, die *Mitarbeiter zu elektrisieren*, damit sie Ihre beharrliche Annäherung an Exzellenz mittragen.

Das klingt nach einer Menge Arbeit? Stimmt! Vielleicht wurden Sie nicht mit dem Wissen geboren, wie man so etwas bewerkstelligt. Vielleicht haben Ihre Lehrer und Trainer Sie zu Schulzeiten nicht als »geborene Führungspersönlichkeit« bezeichnet. Aber wenn Sie Ihren Geist auf diese Aufgabe ausrichten und die notwendigen Entscheidungen treffen, die wir angesprochen haben, dann werden Sie Erfolg haben. Sie werden feststellen, dass Sie mit Leichtigkeit führen *können*.

Wenn Sie miterleben, wie Ihre Vision Realität wird, dann hat sich jede Mühe gelohnt. Sie haben aus sich eine Führungspersönlichkeit gemacht, und Ihre Führungskraft zahlt sich aus.

KAPITEL 12

WARUM VISION-STATEMENTS WICHTIG SIND

Ergebnisorientierte Führungskräfte reagieren mitunter gelangweilt auf das ständige Gerede über Vision und Mission. Sie stehen zuckersüßen Slogans argwöhnisch gegenüber. Sie haben genug Marathonsitzungen durchgestanden, bei denen versucht wurde, einen Satz oder einen Absatz so zu formulieren, dass jeder damit einverstanden war, indem jenes Wort oder dieser Satz optimiert wurde, bla, bla, bla, bis zur Erschöpfung. *Können wir nicht einfach fertig werden und zur Arbeit zurückkehren?*

Davon einmal abgesehen: Welche Wirkung hat ein Vision-Statement tatsächlich in der realen Welt? Gleicht es nicht eigentlich den Wahlprogrammen der Demokraten und der Republikaner, die alle vier Jahre neu aufgelegt werden – ein grandios klingender Wust an Ideen und Absichten, den kaum jemand durchliest oder sich anhört, weil alle wissen, dass die Wahlversprechen wenige Tage nach der Nominierung vergessen sind? Es ist nur eine Ansammlung von Worten.

Wenn die Proklamation eines Unternehmens nicht mehr ist als Schaumschlägerei für den Jahresbericht, dann, ja, dann ist es müßig. Dies kann sogar Zynismus bei den Mitarbeitern und in der Öffentlichkeit wecken. Eine der großen Airlines musste dies vor nicht allzu langer Zeit erfahren, als deren unschöner Umgang mit Passagieren nicht recht mit ihrem viel beschworenen »freundlichen Himmel« zusammenpasste.

Wohin soll es gehen?

Wird das Vision-Statement ernst genommen, kann es dem Unternehmen als Polarstern dienen, indem es die Richtung anzeigt, in die sich die Firma entwickeln will. Wenn Sie in Ihr Auto steigen und einfach losfahren, ohne zu wissen wohin, dann stranden Sie am Ende irgendwo, wo es Ihnen nicht gefällt. Wenn Sie jedoch rechtzeitig einen Bestimmungsort auserkoren haben in dem Bewusstsein, dass dies ein Ort ist, den Sie wirklich mögen, dann werden Sie voller Erwartung aufbrechen. Er wird die Zeit und das Benzin wert sein, um dorthin zu gelangen.

Wenn Sie sich einmal gesagt haben: »Ich will *dahin*«, fügen sich die Dinge zusammen. Sie drehen den Zündschlüssel, legen eine Straßenkarte bereit (egal ob auf Papier oder digital) und starten eine zielgerichtete Reise.

Genauso bewirkt dies Wertvolles in einem Unternehmen. Sie bestimmen den Zielort, oftmals gemeinsam mit den Kollegen. Sie richten Ihre Handlungen daran aus und zeigen den Mitarbeitern, wie Sie alle dorthin gelangen. Damit geben Sie ihnen einen Grund, um morgens aus dem Bett zu kommen und zur Arbeit zu gehen. Und gemeinsam kommen Sie nun vorwärts.

Als ich das erste Mal vorschlug – noch während meiner Zeit bei Hyatt –, ein unternehmensweites Modell der Idee »Damen und Herren bedienen Damen und Herren« (aus meinen frühen Tagen im Kurhaus in Deutschland) einzuführen, wurde ich nicht ernst genommen. Manche hielten es für einen Witz. Ich war noch nicht lange genug dabei, um die Idee durchzusetzen, aber ich konnte sie zumindest in dem Hotel umsetzen, das ich zu jener Zeit managte.

Ich verschickte kein Memo oder druckte Schaubilder aus; ich sprach lediglich mit meinen Mitarbeitern. »Sehen Sie«, sagte ich ihnen, »Sie sind keine untergebenen Diener. Sie sind Damen und Herren, die die Gästen bedienen. Sie können dies professionell handhaben. Wenn Sie sich dazu verurteilen, einfach ein Diener zu sein, dann bedeutet das, dass Sie kein Profi sind. Aber Sie können mehr sein als ein Diener.

Die Leute, die durch unsere Tür kommen, sind keine Dummköpfe. Sie sind nicht einfach nur eine Kreditkarte für uns. Sie sind ebenfalls Damen und Herren, und sie bezahlen dafür, so behandelt zu werden. Andernfalls könnten sie auch zu einem billigen Hotel oder Motel weiter unten an der Straße gehen. Aber wir wertschätzen sie als das, was sie wirklich sind.«

Neun Jahre später, als ich gebeten wurde, das Ritz-Carlton-Modell zu entwerfen, hatte ich genug Ansehen, um meine Idee vom ersten Tag einzuführen. »Wir respektieren jeden, der hereinkommt, als Dame oder Herr. Und wir betrachten jeden Mitarbeiter auf dieselbe Weise und verhalten uns entsprechend.

Jemand sagte zu mir: »Nun, nicht jeder Gast benimmt sich wie eine Dame oder ein Herr. Einige von ihnen können ganz schön nervig sein.«

»Ja, ich weiß«, erwiderte ich, »aber es ist nicht an uns, darüber zu richten oder es zu beurteilen. Diese Menschen haben sich entschieden, übellaunig zu sein, aber wir haben uns entschieden, sie dennoch zu respektieren. Das ist unser Wert; das ist unsere Identität. So sind wir, trotz allem.«

Ich glaube zutiefst, dass dies einer der entscheidenden Gründe ist, warum wir in den 1990er Jahren zur Hotelmarke Nummer eins avancierten.

Mehr als bloße Worte

Slogans und Vision-Statements, die einfach nur postuliert werden, funktionieren nicht. *Glaubenssätze* funktionieren. *Kultur* funktioniert. Der Slogan oder das Statement muss schlicht ein Spiegel der tatsächlichen Überzeugung und des Lebens innerhalb der Organisation sein. Im Grunde müssen Sie sich dazu entschieden haben, eine bestimmte Art von Betrieb zu sein. Es ist in Ihrer DNA. Und Sie müssen deren Essenz in eine Reihe von Worten destillieren.

Sie müssen sich und andere immer wieder an diese Worte erinnern. Sie müssen lebendig sein in Ihrem Inneren. Es darf Ihnen nichts ausmachen, sie wieder und wieder zu wiederholen – zum Beginn von Meetings, im zwanglosen Gespräch in der Werkshalle, im Büro, im Pausenraum – weil sie so wichtig sind. Sie thematisieren sie, weil Sie und Ihre Leute diese Worte *leben*.

Wenn ein einzelner Mitarbeiter dies nicht lebt, wenn er nicht tut, wozu er sich anfangs selbst verpflichtet hat, und womöglich sogar *gegen* die Vision agiert, sind Sie vielleicht versucht, zu fragen: »Was ist geschehen? Ich dachte, Bill wäre an Bord. Aber im Augenblick sieht es überhaupt nicht danach aus.«

Vielleicht hat die Person einen Sinneswandel durchlaufen oder ihre Lebensumstände haben sich verändert, ohne

SLOGANS und
VISION-STATEMENTS,
die einfach nur
postuliert werden,
funktionieren nicht.

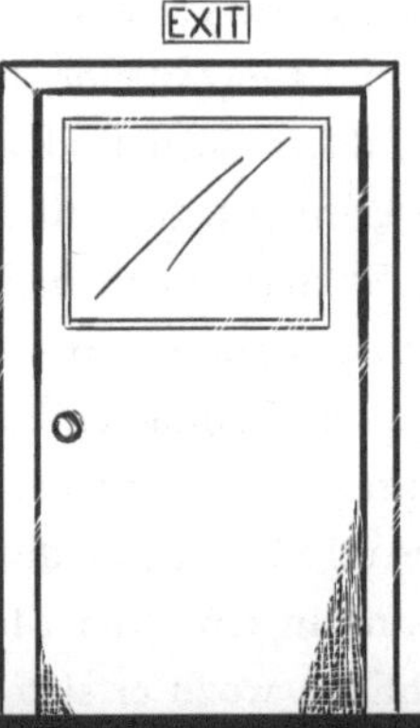

GLAUBENSSÄTZE
funktionieren.

Kultur
funktioniert.

dass sie es kommuniziert hat. Vielleicht aber haben auch Sie als Führungskraft Ihren Mitarbeitern die Vision nicht ausreichend vor Augen gehalten. Bevor Sie jemanden wegen schlechter Leistung angehen, sollten Sie zunächst Ihre eigene Leistung hinsichtlich der Bestärkung der Vision hinterfragen.

Zudem sorgt die stete Wiederholung dafür, dass *Sie* selbstverantwortlich bleiben. Jedes Mal, wenn ich die Selbstverpflichtung der Capella-Hotel-Gruppe ausspreche, »die individuellen Kundenerwartungen [zu] erfüllen«, frage ich mich: *Tun wir das immer noch? Ist dies diese Woche getan worden?* Wenn ich sage, dass wir dies tun »dank geschätzter und bevollmächtigter Mitarbeiter, die in einer Umgebung der Zusammengehörigkeit und Zielorientierung arbeiten«, führt mir das sofort vor Augen, wie es um das Arbeitsumfeld derzeit bestellt ist. Ist es gesund oder schädlich – und wenn es schädlich ist, was kann ich ändern?

In rauen Wassern

Vision-Statements halten Sie auf Kurs, wenn die Zeiten härter werden. Sie weisen die Richtung, wenn es auf dem Markt turbulent wird oder wenn Sie eine schwierige Entscheidung treffen müssen über die Weiterbeschäftigung eines Mitarbeiters. Ihre Gefühle ziehen Sie vielleicht in die eine (Angst) oder die andere Richtung (Loyalität gegenüber Ihrem Mitarbeiter). Aber das Vision-Statement bleibt unerschütterlich: *Das ist, wer wir sind. Dies ist unsere Kultur. Und darum muss ich …*

Führungskräfte beklagen sich manchmal: »Entscheidungen zu treffen ist so schwer.« Überwiegend ist das aber nicht der Fall – so lange das Ziel des Unternehmens eindeutig ist. Sie legen Zielvorgaben fest, von denen Sie wissen, dass sie für alle, die sie betreffen, von Vorteil sind, und dann zwingen Sie sich dazu, diese zu erreichen in Übereinstimmung mit der Vision.

Ja, manchmal kann dies schmerzhaft sein. Vielleicht müssen Sie ein paar schlaflose Nächte durchstehen. Sie machen sich Sorgen, welche Auswirkungen dies haben kann auf die Berufswege von Menschen, auf ihre Ehepartner und Kinder. Aber Sie wissen, was das Vision-Statement von Ihnen verlangt. Und wenn Sie sich einmal verpflichtet haben, dem Vision-Statement die Treue zu halten, ergeben sich die nachfolgenden Entscheidungen wie von selbst.

Ich war einmal Teil des Vorstands einer Organisation, bei dessen Sitzungen sich alle sofort auf die Quartalszahlen und andere Betriebsdetails stürzten. Die Berichte lagen fertig auf dem großen Konferenztisch, wenn wir eintrafen. Nach ein paar Sitzungen schlug ich vor: »Warten Sie eine Minute. Wir sollten zuerst die Vision und die Werte dieses Unternehmens lesen. Lassen Sie uns erst auf deren Umsetzung fokussieren, bevor wir uns durch all diese Berichte wühlen.«

Der Vorstand war einverstanden. Von diesem Tag an begann die Vorstandssitzung damit, dass die Unternehmensvision laut vorgelesen wurde. Dies setzte den Rahmen für die folgenden Diskussionen.

Bei einem anderen Vorstandsgremium, in dem ich Mitglied bin, dem Vorstand der Cancer Treatment Centers of

America, einem Non-Profit-Dachverband von mehreren Krebstherapiezentren, haben wir dies sogar noch vertieft. Jede Sitzung beinhaltet die Live-Stellungnahme eines aktuellen Patienten samt dessen Ehepartner oder einer anderen Pflegeperson zu der Frage, wie wir aus deren Sicht dastehen, wie die Therapie vorangeht, was wir gut machen, was wir verbessern könnten. Falls notwendig, fliegen wir sogar Patienten aus einer anderen Stadt ein. Das führt uns vor Augen, worum es bei unserer Mission geht. Unser Vorstandsvorsitzender ist dafür bekannt, wiederholt zu fragen: »Was können wir verbessern? Ich freue mich über Komplimente, aber daraus lernen wir nichts. Ich möchte wissen, was wir besser machen können.«

Der zentrale Grund einer jeden Vorstandssitzung – oder eigentlich eines jeden Meetings – ist, sich die Vision bewusst zu machen und die Mission zu erfüllen. Die Vision ist eine ständige Erinnerung an die Richtung, auf die wir uns verständigt haben. Wir sollten uns hüten, von ihr abzuweichen.

KAPITEL 13

DAS »BAUCHGEFÜHL« DER FÜHRUNGSKRAFT IST NICHT AUSREICHEND

Die Führungsriege von Unternehmen ist mitunter unwillig, formalisierte Erfolgsmessungen vorzunehmen, insbesondere wenn die Erhebung teuer ist. Die Ausreden sind wohlbekannt und oft gehört:

- »Wir haben ungeheuer viel zu tun dieses Jahr. Vielleicht lieber nächstes Jahr.«
- »Das kostet zu viel.«
- »Diese Analysefirmen versuchen jeden zusätzlichen Geldbetrag abzuschöpfen, der nur möglich ist.«
- »Wie kann ich mir sicher sein, dass die Ergebnisse nicht verzerrt sind?«
- »Die Ertragsrechnung ist aussagekräftig genug.«

Für mich ist das Führen einer Organisatin ohne die Erhebung von Werten, als versuchte man ein Fußballspiel zu pfeifen, bei dem das Feld keine Linien hat. Wie soll man ohne sie wissen, ob der Ball im Aus ist? Wie können Sie entscheiden, ob ein Tor gefallen ist? Sie müssten einfach raten. Es ist absolut unumgänglich zu wissen, wo ein Unternehmen steht. Durch Messungen erkennen wir, wie groß die Kluft zwischen dem Punkt ist, von dem wir denken, dass wir dort stehen, und dem Punkt, an dem wir tatsächlich stehen. Habe ich einen Meilenstein erreicht, um mein Unternehmen voranzubringen? Habe ich beschlossen, besser als mein Konkurrent zu sein? Hab ich festgelegt, »der Beste« innerhalb meines Bereichs zu sein? Wenn ich dies nicht anhand von Kennzahlen messe, weiß ich nicht, welche Lücken gefüllt werden müssen, und das bedeutet, ich weiß nicht, wo ich mich verbessern muss.

Einige Menschen denken, Leistungsmessung ist ein Kontrollinstrument des Chefs – etwas, um die Mitarbeiter bei Fehlern zu erwischen und sie schlecht dastehen zu lassen. Aber darum geht es nicht. *Kontrolle* ist etwas anderes als *Messung*. Kontrolle bedeutet, über die Schulter von jemandem zu schauen und zu versuchen, ihn zu erwischen, wenn er etwas falsch macht. Messung heißt, Stichproben zu nehmen, um festzustellen, ob Sie und die Leute, die Sie für Ihre Organisation ausgewählt haben, Ihre übergeordnete Vision erfüllen – und falls dies nicht der Fall ist, zu erkennen, wie man dem Ziel in Zukunft näher kommen kann.

Die Intuition der Führungskraft reicht nicht

Entrepreneure sind bekannt dafür, ihren Gefühlen zu folgen. Gemeinhin finden sie so ihren Ansatzpunkt. Sie spüren instinktiv, was erfolgsversprechend ist – ein Produkt oder eine Dienstleistung, die im Markt fehlt, aber sofort Aufmerksamkeit generieren würde.

So weit, so gut. Das *Time*-Magazin veröffentlichte einst ein Feature mit dem Titel *The Man with the Golden Gut* – »Der Mann mit dem goldenen Bauchgefühl« also – über den legendären Fernsehproduzenten Fred Silverman, der so unterschiedliche Erfolge wie die Zeichentrickserie *Scooby-Doo* über die Sitcom *All in the Family* und die Familienserie *Die Waltons* bis hin zur Miniserie *Roots* lanciert hatte.[1] Wir alle verehren Visionäre, die ein Händchen dafür haben, mit großen Erfolgen innerhalb ihres Felds aufzuwarten.

Wie steht es *heute* damit? Erschafft der erfinderische Geist immer noch so große Erfolge wie einst? Wird er dies auch in Zukunft tun? Das Gefühl oder der »Bauch« des Entrepreneurs reicht nicht aus, um das zu gewährleisten.

Finanzdaten reichen nicht

Die Nachsteuergewinne eines Unternehmens sind fraglos wichtig und verdienen das besondere Augenmerk der Führungskraft. Diese Zahlen werden aufmerksam von allen Anspruchsberechtigten beobachtet, vom Verwaltungsrat bis hin (in einigen Fällen) zur Börse. Sie alle achten darauf, ob die Zahlen rot oder schwarz sind.

Aber für sich genommen werfen diese Zahlen nur ein Schlaglicht auf ein Quartal oder auf ein Jahr. Und zu dem Zeitpunkt, zu dem die Zahlen berechnet und veröffentlicht werden, sind sie bereits mindestens sechs Wochen alt. Die Gewinn- und Verlustrechnung zeigt letztlich nicht an, wo Sie morgen oder nächstes Jahr stehen werden. Sie hilft Ihnen nicht, den zukünftigen Kurs zu bestimmen. In dieser Hinsicht sind sie entschieden unzureichend.

Harte Arbeit reicht nicht

Als ich das erste Ritz-Carlton in Atlanta eröffnete, hatte ich einen Traum, ein Gefühl, wie dieses Hotel sein sollte. Ich habe viele Stunden von früh morgens bis in den Abend investiert. An manchen Tagen kam ich zum Abendessen zu meiner Frau und meinen kleinen Töchtern nach Hause und ging danach zurück ins Hotel, um bis 22 Uhr oder gar bis Mitternacht zu arbeiten. Ich war erschöpft – insbesondere wenn ich um drei oder vier in der Früh aus dem Schlaf fuhr, weil mir eine weitere Frage durch den Kopf schoss, die ich bedenken sollte.

Wir eröffneten dann bald ein zweites Hotel in Atlanta. Ich arbeitete unablässig weiter, stellte sicher, dass jedes Detail korrekt gehandhabt wurde. Aber dann wurde vorgeschlagen, ein drittes Hotel zu eröffnen, diesmal in Kalifornien. Was nun? Ich konnte es nicht persönlich beaufsichtigen, um es zum Erfolg zu führen. Wie sollte ich wissen, was in dreitausend Kilometern tatsächlich vor sich ging?

Ich begann zu messen.

»Glück« und »Hoffnung« reichen niemals

»Glück zu haben« ist keine Strategie. Genauso wenig wie einfach »auf das Beste zu hoffen«. Wir alle finden jene Zeiten toll, in denen wir einen Durchbruch und für eine Weile Rückenwind haben. Aber wir wissen auch, dass dies nicht vorherzuberechnen ist. Wir müssen durch die schweren Zeiten genauso führen wie durch die einfachen.

Alles, was in einem Betrieb wichtig ist, muss gemessen werden. Ich habe in Kapitel 10 kurz das Hotel in New York City erwähnt, das sowohl schlechte Werte bei der Mitarbeiter- wie bei der Kundenzufriedenheit hatte, was sich jedoch innerhalb von zwei Jahren deutlich verbesserte. Wie kam es dazu?

Ich zog für drei Monate in das Hotel ein, nur an den Wochenenden reiste ich heim zu meiner Familie. Was mir schon bald auffiel, war, dass die Person am Empfang mich nicht anblickte, wenn ich mich ihr näherte; die Augen waren auf den Computermonitor gerichtet. E-Mails waren dringlicher als Personen. Ich dachte bei mir, dass es besser wäre, gar keine Rezeption zu haben als jemanden, der Gäste ignoriert, die eine Frage stellen wollten.

Ich fand heraus, dass die Abteilungen sich nicht regelmäßig austauschten, zum Beispiel zu Beginn einer Schicht. Sie hatten darüber den wichtigsten Aspekt ihrer Arbeit vergessen: den Kunden zu Diensten zu sein. Sie waren zu beschäftigt – man könnte vielleicht sagen: typisch Ostküste.

Ich begann mit dem Portier, den Pagen und den Hausmädchen. Ich setzte mich mit allen Abteilungsleitern zusammen – von der Küche bis zum Einkauf. Ich erinnere mich, wie ich den Housekeeping-Manager fragte: »Wenn Sie Ihre Abteilung auf einer Skala von eins bis zehn beurteilen müssten, welchen Wert würden Sie ihr geben?«

Er überlegte für einen Moment und sagte dann selbstbewusst: »zehn.«

»Das ist sehr interessant. Lassen Sie uns einen Blick in ein paar Zimmer werfen.«

Er holte seinen Generalschlüssel, und wir gingen durch die Flure, öffneten die Türen zu rund einem halben Dutzend Zimmer und achteten darauf, wie sauber sie waren. Ich deutete auf verschiedene Mängel auf unserer Inspektionstour. Dann kehrten wir in mein Büro zurück.

»Nun noch einmal«, sagte ich. »Wie würden Sie Ihre Abteilung bewerten.«

Kleinlaut antwortete er: »So um sechs herum.«

»Sie sehen«, sagte ich daraufhin, »eine Zehn ist sehr schwer zu erreichen. Aber nun, da wir als Ausgangspunkt die Sechs haben, sagen Sie mir: Wann werden Sie sich zur Zehn hochgearbeitet haben? Und was benötigen Sie von mir, um die nächste Stufe zu erreichen? Ich bin nicht hier, um Sie fertigzumachen; ich bin hier, um Ihnen zu helfen. Lassen Sie mich an jedem Meeting Ihrer Mitarbeiter teilnehmen, um sie anzuspornen. Ich möchte mich bei ihnen für das bedanken, was sie tun. Und ich werde ihnen sagen, dass sie sich als menschliche Wesen definieren durch den Job, den sie machen.«

Er und ich erstellten einen Plan, wie er mir jeden Monat berichten konnte, wie es stand: Sieben? Acht? Neun? Der Fortschritt war spektakulär.

Das Gleiche machte ich mit den anderen Abteilungsleitern. Innerhalb eines Jahres schossen die Werte im ganzen Haus in die Höhe. Sowohl *U. S. News & World Report* als auch das Online-Reiseportal TripAdvisor bewerteten uns als das beste Hotel in New York.

An einem Morgen befand ich mich bei einer Bibelstunde in Gesellschaft vieler Wall-Street-Broker, von denen mich einer fragte: »Wo ist Ihr Hotel?«

»Auf der Fifth Avenue zwischen der 36. und 37. Straße«, antwortete ich.

»Oh, das ist das mit den netten Portiers«, erwiderte er spontan.

Die Kultur hatte sich vollkommen verändert, als die Mitarbeiter sich an der Vision ausrichteten, die Besten zu werden, die Freundlichsten, die Gastfreundlichsten. Auch vorher wollten sie schon einen guten Job machen, sie hatten sich nur nicht bewusst gemacht, was das beinhaltete.

Was messen?

Nun kommen wir zur wichtigsten Frage: Was sollte ein Unternehmensführer messen?

Meiner Meinung nach sollten es nicht mehr als vier oder fünf wichtige Werte sein. Andernfalls verheddern Sie sich in Hunderten von Nebensächlichkeiten, von der Häufigkeit der Fensterreinigung bis hin zum Preis von Büroklammern. Sie werden von Zahlen überrollt werden, bis Sie nicht mehr wissen, wo oben oder unten ist.

Im Folgenden finden Sie die »Großen Drei«, zumindest meiner Ansicht nach. Fügen Sie ein oder zwei eigene Punkte hinzu, sofern diese aussagekräftige Bezugsgrößen sind.

1. **Kundenzufriedenheit/-bindung.** Dies lässt sich nicht durch Vermutungen herausfinden; Sie müssen diese Werte regelmäßig erheben mithilfe von Fragebögen (online oder auf Papier). Fragen Sie Ihre Kunden, was sie denken. Die aufschlussreichsten Fragen sind: »Wie wahrscheinlich ist es, dass Sie wiederkommen?« und »Wie wahrscheinlich ist es, dass Sie uns Ihren Freunden empfehlen?«

   Jede abschließende Bewertung, die unterhalb von 90 Prozent liegt, ist für mich ein Warnsignal. Ich möchte wissen, warum diese Kunden nicht erneut Geschäfte mit mir machen möchten. Liegt es an uns? Haben wir etwas falsch gemacht? Können wir es wiedergutmachen? All meine Hotelmanager wissen, dass jedes Abrutschen unter neun oder zehn von zehn Punkten mich auf den Plan ruft. Ich rufe sie dann an und frage: »Was machen wir deswegen? Wie können wir nächsten Monat wieder mehr als 90 Prozent Zufriedenheit erreichen? Was ist dafür notwendig?«

2. **Mitarbeiterzufriedenheit.** Ebenso lebenswichtig für das Überleben einer Organisation ist, was die Menschen, die dort arbeiten, von ihr halten. Auch hier gilt wieder: Sie können nicht davon ausgehen, dass alle glücklich und zufrieden sind, abgesehen von den ein oder zwei, die sich beschweren. Sie müssen die Einschätzung ihrer Mitarbeiter in regelmäßigen Abständen einholen. Wenn Sie sich nur nach dem richten, was Sie zufällig hören, werden Sie irregeleitet. Formalisierte Erhebungen teilen Ihnen mit, was wirklich in Ihren Mitarbeitern vorgeht. Wenn acht Mitarbeiter sagen, die Ausstattung ist mangelhaft, dann ist das aussagekräftig. Solange dies nur ein Mitarbeiter sagt, können Sie den Punkt vernachlässigen, bis sich die Anzeichen mehren.

Nach vielen Jahren der Analyse kann ich mit Bestimmtheit sagen, dass das Absinken der Mitarbeiterzufriedenheit um nur 1 Prozent sich spürbar auf den Gewinn des Unternehmens auswirkt. Es bedeutet, neben anderen Dingen, dass die Personalfluktuation größer werden wird. Erfahrung droht im wachsenden Maße abhandenzukommen, und diese Erfahrung zu ersetzen wird die Kosten hochtreiben.

Erhebungen zur Mitarbeiterzufriedenheit teilen einer Führungskraft mit, was vor sich geht, und sie zeigen, an welchen Stellschrauben gedreht werden muss, um als Organisation konkurrenzfähig zu bleiben.

3. **Frühindikatoren.** Dieser dritte Punkt bezieht sich auf die Zukunft. Hier wird gefragt, wie die Wirtschafslage einer Branche in sechs Monaten oder einem Jahr aussehen wird. Werden die Leute unseren Service in gleichem Maße nutzen wie bisher oder wird es abflauen? Wird die Kundenschicht älter, jünger oder bleibt dies gleich? Geben sie die gleiche Summe aus wie zuvor oder wird es weniger?

   Im Hotelleriegewerbe sind Reservierungen aussagekräftige Frühindikatoren. Wie viel Prozent unserer Zimmer sind bereits für – sagen wir mal – von kommenden Januar bis April oder Oktober gebucht im Vergleich zum Vorjahr? Oder zwei Jahre zuvor? Diese Zahlen teilen uns mit, wie gut wir darin sind, Kunden zu binden und neue zu finden.

   Ein Unternehmensführer muss außerdem die Gesamtwirtschaft im Blick behalten. Ich erinnere mich, dass sich 1980 eine Rezession ankündigte. Immer mehr Arbeitnehmer wurden entlassen, die Inflation lag bei 12 bis 13 Prozent; und die US-Notenbank versuchte dies durch Zinserhöhungen aufzufangen. Der Bundesstaat Michigan, wo ich zu jener Zeit das Dearborn Hyatt leitete, hatte im Herbst 1982 mit 14,5 Prozent die bundesweit höchste Arbeitslosenrate.

   Ich berief eine Generalversammlung mit allen Mitarbeitern ein – von den Abteilungsleitern über die Köche und das Empfangspersonal bis hin zu den Hilfskräften. »Okay, meine Herrschaften«, sagte ich, »wir werden nächstes Jahr eine Rezession haben. Fragen Sie mich nicht, woher ich das weiß. Ich weiß es einfach. Ich bin mir dessen sicher. Ja, wir haben eine ordentliche Menge an Gruppenreservierungen in den Büchern – Konferenzen und Ähnliches. Aber die können zu jeder Zeit wieder wegfallen. Wir müssen so viele Kunden halten, wie wir können.

Was geschieht während einer Rezession? Dieses Hotel hat fünf Restaurants. Sagen wir mal, ein Paar geht normalerweise einmal pro Monat auswärts essen. Während einer Rezession wird es dies nicht vollständig sein lassen; es wird weiterhin essen gehen, aber vielleicht nur alle drei Monate. Das bedeutet für uns ein Minus von 25 Prozent.

Jeder von uns in diesem Raum muss von nun an Himmel und Erde in Bewegung setzen, um jeden Kunden zu halten. Ansonsten werdet ihr diesen Job nächstes Jahr nicht mehr haben. So ernst ist die Lage.«

Als ich den Raum verließ, kam ich an einer Gruppe von Pagen und Portiers vorbei, die miteinander in gedämpften Ton sprachen. Als sie mich sahen, verstummten sie. Etwas wirkte seltsam. Sie waren zufälligerweise alles Afroamerikaner, und gedanklich begann ich zu spekulieren: *Die lästern über mich, den weißen Boss. Sie sagen bestimmt, ich würde nur versuchen, sie zu mehr Arbeit zu erpressen.*

Die Rezession Anfang der 1980er Jahre traf die Wirtschaft schwer. Aber wir schafften es, uns über Wasser zu halten; ehrlich gesagt, hatten wir sogar ein großartiges Jahr, während viele andere Unternehmen ihr Personal ausdünnen mussten. Warum? Weil wir alles taten, was wir konnten, damit unsere Kunden uns gewogen blieben.

Schon bald darauf war ich in einem anderen Hotel tätig. Erst fünfundzwanzig Jahre später kam ich zurück nach Dearborn. Und siehe da, zwei der Portiers arbeiteten immer noch dort und erkannten mich. »Oh, Mr. Schulze, wie schön, Sie wiederzusehen!«, riefen sie. »Wir werden niemals vergessen, was Sie im Jahr der Rezession getan haben. Ein paar von uns haben sich sogar direkt nach dem Ende des Meetings damals zusammengefunden und darüber diskutiert, was wir tun können, um die Kunden zufrieden zu halten.«

In diesem Moment fühlte ich mich zurechtgewiesen, weil ich sie vor so langer Zeit falsch eingeschätzt hatte. »Ich bin froh über das, was Sie und die anderen damals getan haben! Wir haben es hinbekommen, nicht wahr?«, erwiderte ich. Und dann rief ich meine Frau an und sagte: »Erinnerst du dich an Dearborn? Du wirst nicht glauben, wen ich hier heute getroffen habe!«

Die Frühindikatoren im Blick zu haben und frühzeitig darauf zu reagieren hat unser aller Leben gerettet.

Nach den Sternen greifen

Zu der Zeit, als ich das Ritz-Carlton-Projekt in Angriff nahm, wurde ein Messsystem bekannt, das alle anderen überholte: der Malcolm Baldrige National Quality Award.

Das ist keine kleine Spielerei; es eine staatliche Initiative, um hervorragende US-Firmen auszuzeichnen. Der Preis ist nach Malcolm Baldrige benannt, einem langjährigen Handelsminister während der Reagan-Regierung. Jedes Jahr werden Auszeichnungen in sechs Kategorien vergeben: produzierende Unternehmen, Dienstleistungsunternehmen, kleine und mittlere Unternehmen, Bildung, Gesundheitswesen und Non-Profit-Unternehmen. Das Ziel des Awards ist, herausragende Firmen zu ehren, um Anreize für andere Unternehmen zu liefern, es ihnen nachzutun, damit US-amerikanische Firmen auf dem Weltmarkt konkurrenzfähig bleiben.

Nun, ich war dabei, die beste Hotelkette der Welt aufzubauen, ich sollte fähig sein, in der Kategorie Dienstleistungsunternehmen zu gewinnen, nicht wahr? Wir hatten schon zuvor einige Preise erhalten – zum Beispiel den Pinnacle Award des Magazins *Successful Meetings* und eine erfreuliche Ehrung vom *Travel+Leisure*-Magazin. Eine der Meeting-Planner-Gruppen hatte uns sogar zur besten Hotelkette der USA gewählt. Darum traf sich die oberste Riege des Konzerns zu einem tollen Dinner, und wir belobhudelten uns selbst, weil wir uns so gut fanden.

Das Problem war nur: Als ich am nächsten Morgen meine Mails abrief, hagelte es Beschwerden von Menschen, die von der Abstimmung gehört hatten und nicht die Meinung teilten, dass das Ritz-Carlton derart toll war. Das versetzte dem Hochgefühl des vergangenen Abends einen Dämpfer.

Ich traf mich an jenem Tag mit einem älteren Herren namens Roger Milliken zum Mittagessen, dem Vorstandsvorsitzenden und CEO einer Textilfirma, die den Baldrige Award 1989 in der Kategorie produzierende Unternehmen gewonnen hatte. »Herzlichen Glückwunsch, Horst«, gratulierte er mir. »Sie haben die beste Hotelkette in den USA!«.

»Tja, nach den Mails zu urteilen, die ich heute Morgen erhalten habe«, erwiderte ich, »sind wir die besten innerhalb einer lausigen Gruppe.« Ich erzählte ihm, was geschehen war.

»Vielleicht sollten Sie sich die Kriterien des Baldrige Awards einmal näher ansehen«, meinte er schließlich. Er beschrieb, wie umfassend das Programm war und nannte mir eine Ansprechperson in Washington.

Ich befolgte seinen Rat und hatte bald einen halbstündigen Termin um 11:30 Uhr mit dem Vorsitzenden der Auswahlkommission im Handelsministerium. Er erklärte mir, wie sie sich durch die Betriebsabläufe der Bewerber arbeiten, mit Mitarbeitern auf allen Ebenen sprechen und sowohl Stärken wie auch Schwächen bewerten. Mein Kopf war randvoll mit Informationen.

Als der Termin sich seinem Ende um 12 Uhr näherte, fragte mich der Mann: »Haben Sie Zeit für ein Mittagessen?« Jahre später erzählte er mir, er hätte dies angeboten, weil ihm klar war, dass ich nicht ein einziges Wort von dem verstanden hätte, was er gesagt hatte, und ich tat ihm leid!

Ich nickte. Und so gingen wir essen, während er mich weiter mit Informationen bombardierte. Einige Sachen schienen mir sinnvoll, andere vergaß ich auf der Stelle wieder.

»Wie stellen Sie sicher, dass die Zimmer sauber sind?«, frage er mich an einem Punkt.

»Oh, wir haben ein System dafür«, antwortete ich ein bisschen großspurig. »Pro vier Hausmädchen haben wir einen Aufseher, der ihre Arbeit überprüft. Und für die Aufseher haben wir wiederum einen Direktionsassistenten, der je ein oder zwei Aufseher kontrolliert.«

Der Mann unterbrach mich: »Wie wäre es, wenn Sie sie gar nicht erst kontrollieren müssten?«

»Das wäre großartig. Es würde uns eine Menge Geld sparen. Aber wir müssen uns sicher sein, dass es funktioniert.«

Er antwortete mit einer Analogie: »Wenn Sie die Sauberkeit Ihres Swimmingpools überprüfen, kontrollieren Sie dafür die ganze Wassermenge oder nehmen Sie eine Probe.«

»Nur eine Probe«, erwiderte ich.

»Was ich meine, ist Folgendes: Wenn Ihre Betriebsabläufe die richtigen sind, brauchen Sie nicht *alles* zu kontrollieren. Es geht darum, die Prozesse an den angestrebten Ergebnissen auszurichten.«

Als ich an diesem Tag Washington verließ, wusste ich, dass ich eine Menge über das Erreichen von wirklicher Qualität lernen musste. Aber ich brannte darauf, damit anzufangen. Während der nächsten zwei Jahre las ich die Veröffentlichungen zum Baldrige Award, hörte mir Vorträge an und besuchte die Finalisten und Gewinner des Awards wie beispielsweise USAA (ein Versicherungs- und Finanzdienstleistungsunternehmen), Graniterock (ein Kieswerk in Kalifornien) und Zytec (eine Computerfirma in Minnesota). Bis dahin hatte niemand außer FedEx in der Kategorie Dienstleistungsunternehmen gewonnen.

Ich erläuterte meinen Traum bei einem Meeting der Ritz-Carlton-Geschäftsführer, indem ich die komplizierte Fachsprache in einfachere Worte fasste. »Dies sind die Kriterien für ein wirklich gutes Unternehmen« sagte ich und zählte dann auf:

- Führung
- strategische Planung
- Kunden- und Marktorientierung
- Messungen, Analysen und Wissensmanagement
- Mitarbeiterorientierung
- Prozessmanagement
- Geschäftsergebnisse[2]

»Es geht da nicht um Rätselraten, um subjektive Meinungen«, sagte ich. »Diese Leute werden in jede Ecke unserer Häuser schauen, um zu sehen, ob wir wissen, was Kunden wollen, und bereit sind, es anzubieten. Lasst es uns herausfinden.«

Um es abzukürzen: Es war ein schwieriger Prozess, dies zu implementieren. Um nur ein Beispiel zu nennen: Wir mussten eine Faktensammlung zusammenstellen, die unsere Ansprüche an Kundenzufriedenheit ebenso belegte wie auch darlegte, wie sie im Vergleich zu unserer gesamten Branche war. Bevor die Bewerbung zum Wettbewerb vollständig war, kamen die Leute vom Baldrige Award und befragten die Mitarbeiter in jedem einzelnen unserer Hotels – insgesamt rund 2000 Menschen.

Und wir haben nicht gewonnen.

Aber wir gaben nicht auf. Wir lernten eine Menge über das Erheben von Werten. Wir blieben am Ball. Und schließlich hatten wir 1992 Erfolg, als wir als eines von nur fünf Unternehmen ausgezeichnet wurden. Wir waren sehr viel besser geworden dank der ganzen Mühen, die wir investiert hatten.

Es ging uns nicht um Ruhm und Ehre, obwohl ich zugeben muss, dass es angenehm war, beim Festakt den Preis vom Präsidenten der Vereinigten Staaten überreicht zu bekommen. Wir haben es getan, um Dinge zu lernen, die wir sonst nie erfahren hätten. Jetzt sind wir nach den Baldrige-Regeln verpflichtet, unsere Türen zu öffnen und unser neues Wissen mit anderen Unternehmen zu teilen. Einige berühmte Konzerne – unter anderem Disney – baten uns um Gespräche, um zu erfahren, was wir dadurch erreicht haben.

Wenn man den Baldrige Award gewonnen hat, kann man sich erst fünf Jahre später wieder bewerben. Als die Zeit vergangen war, sagte ich zu meinem Team: »Lasst uns einen zweiten Preis gewinnen. Das ist noch nie in unserer Kategorie geschehen, aber warum sollten wir es nicht schaffen?«

Mein erster Stellvertreter kam zu mir und sagte: »Horst, ich habe für dich so viele Jahre gearbeitet, seit unserer Zeit bei Hyatt. Du hast uns immer vorangebracht, aber diesmal übertreibst du es. Wir wachsen. Wir eröffnen neue Hotels. Wir haben so viel zu tun. Wir sind dabei, uns international aufzustellen, und du möchtest, dass wir uns um einen weiteren Baldrige Award bewerben? Das ist zu viel. Du bist unvernünftig.«

Ich erwiderte: »Ich verstehe deine Bedenken, Eddie. Ich stimme dir sogar zu. Aber lass mich dich etwas fragen: Wenn wir uns erneut bewerben, werden wir dazulernen?«

»Ja.«

»Wird als Folge daraus das Unternehmen ein bisschen besser?«

»Ja.«

»Wird das gut für die Investoren sein?«

»Ja.«

»Wird das gut für die Mitarbeiter sein?«

»Ja.«

»Wird es gut für alle Beteiligten sein?«

»Ja. Okay, machen wir's.«

Wir tauchten erneut ein in den Baldrige-Strudel. Und 1999 gewannen wir ein zweites Mal.

Ja, es hat uns Geld gekostet. Wir hätten auch sagen können: »Das ist zu teuer. Wir machen einfach für uns selbst so gut weiter, wie wir können.« Aber das wäre, als würde man sagen: »Ja, ich habe Krebs, aber die Operation ist zu teuer. Dazu kommen dann noch die Bestrahlung und die Chemotherapie, die beide noch teurer sind. Ich kann mir das nicht leisten.«

Nun, wollen Sie am Leben bleiben oder nicht?

Unternehmen, die messen – und dies regelmäßig tun –, spüren ihre Schwachstellen auf. Sie identifizieren Strategien und Taktiken, die verändert werden müssen. Sie nehmen »ihre Medizin« und tun, was getan werden muss für den Heilungsprozess. Das gehört zum Umgang mit Schwachstellen dazu.

ERFOLGE

erzielt man nicht, indem man die Augen

vor der **Realität** verschließt.

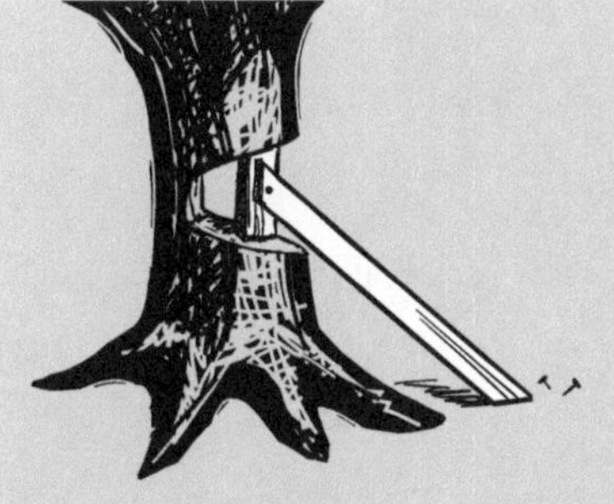

Erfolge entstehen,

indem man die Realität misst und

KORREKTUREN VORNIMMT.

Ein altes Sprichwort sagt: »Wer nicht kontrolliert, hat keinen Erfolg.« Meine Version lautet: »Wer nicht misst, hat keinen Erfolg.« Erfolge erzielt man nicht, indem man die Augen vor der Realität verschließt. Erfolge entstehen, indem man die Realität misst und Korrekturen vornimmt, und dann nochmal misst und immer wieder korrigiert. Egal wie gut Sie sind, Sie müssen beständig nach verborgenen Defekten suchen, auf diese Weise kommen Sie der wahren Exzellenz stetig ein bisschen näher.

Sich dem Messen und Verbessern zu verschreiben ist kein Luxus. Es ist unverzichtbar für verantwortungsvolle Führung.

KAPITEL 14

GELD UND LIEBE

Do What You Love, the Money Will Follow – »Tu, was du liebst, dann wird das Geld folgen« – hieß ein Buch, das in den späten 1980er und frühen 1990er Jahren die Bestsellerlisten erstürmte und mehrere Millionen Mal verkauft wurde. Die Autorin war eine Lehrerin aus Los Angeles, die den Bildungssektor hinter sich ließ und eine erfolgreiche Wirtschaftspsychologin wurde; das Buch versprach – wie der Untertitel erklärte – Hilfe darin, seine wahre Lebensgrundlage zu entdecken: *Discovering Your Right Livelihood.*[1]

Wie Sie sehen, war das Buch eher auf Innerliches ausgerichtet. Die Kapitelüberschriften lauteten unter anderem:

- »Der Glaubenssatz mit dem Namen ›mein Selbst‹«
- »Entfessle dein unverwechselbares Selbst«
- »Geh wertschätzend mit dir um«

Es ist natürlich gut, das eigene Berufsfeld zu lieben. Ich habe das Gastgewerbe seit meiner Jugend geliebt. Das treibt mich immer noch jeden Morgen an.

Als ich im Vorstand eines Unternehmens tätig war, hatte ich einen eigenen Parkplatz in der Garage direkt neben dem Aufzug. Ich habe ihn nie genutzt. Ich habe immer vor der Hoteltür geparkt, damit ich durch die Lobby eintreten konnte, um Hallo zum Portier zu sagen, zuzusehen, wie Gäste auscheckten, kurz in der Patisserie vorbeizuschauen, um mir ein (nicht immer notwendiges) süßes Teilchen zu holen und um schließlich den Bürotrakt zu betreten. Dies gab mir das gute Gefühl, die Atmosphäre eines geschäftigen Hotels zu spüren.

Aber die etwas zutreffendere Wahrheit ist: Tu, was der *Kunde* liebt, dann wird das Geld folgen.

Auf diese Weise werden Gehälter verdient. Auf diese Weise bleiben Organisationen am Ball und florieren. Wenn Ihre Zielgruppe mag, was Sie anbieten, und die Art und Weise, wie Sie es anbieten, dann ist sie bereit, Sie dafür zu entlohnen.

Konzentriert man sich nur auf das, was man selbst liebt – sagen wir mal, den ganzen Tag Videospiele auf der Couch zu spielen oder opake Lyrik zu verfassen, die nicht einmal die eigene Mutter versteht –, dann wird das Geld nicht fließen. Leidenschaft muss sich in irgendeiner Weise am realen Leben orientieren. Es ist nichts falsch an Videospielen oder opaker Lyrik; jeder Mensch kann dies gern für sich tun. Aber um etwas Produktives zu leisten, muss man sich unbedingt mit tatsächlich lebenden, atmenden menschlichen Wesen abstimmen.

Wir alle müssen darauf achten, nicht von unseren individuellen Wünschen allein gesteuert zu werden. Nicht jeder denkt wie Sie oder ich. Wir sind nur eine »Einzelmeinung«, das reicht nicht, um ein Geschäft über Wasser zu halten. Die Kunden (Bürger, Mitglieder, Spender oder wie auch immer Sie sie nennen) haben ihr eigenes Bündel an Wünschen, für das sie bereit sind, Geld auszugeben. Wenn wir diese Sehnsüchte erkennen und befriedigen können, beginnen die Räder eines überlebensfähigen Business' ineinanderzugreifen.

Acht Schlüsselfragen

Das anzubieten, was Kunden lieben, bedarf einer Reihe von Schritten, die ich im Laufe dieses Buches dargelegt habe. Wenn ich die Möglichkeit habe, vor einer Gruppe aufstrebender Hotellehrlinge zu sprechen, dafür aber nur 50 Minuten zur Verfügung stehen, dann erläutere ich ihnen diese Schritte folgendermaßen:

1. Treffen Sie eine Entscheidung, *in welcher Branche* Sie tätig werden wollen. Ist es wirklich die Hotellerie? Dann lassen Sie sich nicht durch andere Dinge davon abbringen.
2. Entscheiden Sie sich, in welches *Marktsegment* Sie eintreten wollen. Eher im »Budget«- und Schnäppchenbereich? In der Mittelklasse? Oder am oberen Ende (das ich gewählt habe)? Alle drei haben ihre Berechtigung. Aber Sie müssen sich darüber im Klaren sein, welcher der Ihre ist.
3. Machen Sie sich bewusst, *was Kunden wollen* in diesem Marktsegment. Wer ist bereit, die Menge an Geld zu zahlen, die Sie verdienen wollen? Und was erwarten sie im Gegenzug? Gehen Sie nicht davon aus, dass Sie das bereits wissen; Sie müssen Ihre Kunden *fragen*. Wonach suchen sie wirklich, selbst wenn sie es nicht deutlich benennen können? Erinnern Sie sich an die Fokusgruppe, die sagte: »Ich möchte mich wie zu Hause fühlen«, von der ich berichtete? Führen Sie sich vor Augen, dass ich tiefer graben musste, um zu verstehen, was tatsächlich damit gemeint war.

4. Beginnen Sie, auszuarbeiten, *wie diese Wünsche erfüllt werden können*, und zwar so effizient wie möglich. Welche Arbeitsabläufe müssen Sie dafür erschaffen? Wie wollen Sie Fehler im System beseitigen? Wie werden Sie die Kundenwünsche zeitnah erfüllen? Und wie werden Sie und Ihr Team Ihre Bereitschaft zur Fürsorge zeigen? Die Kombination dieser Dinge ist es, die im Laufe der Zeit aus zufriedenen Kunden loyale Kunden macht. Sie kehren wieder, weil es jedes Mal eine positive Erfahrung ist, mit Ihnen Geschäfte zu machen. Sie gehen zufrieden weg. Sie ziehen in Betracht, noch einmal wiederzukommen und dann mehr Geld auszugeben. Sie vertrauen Ihnen.
5. Denken Sie darüber nach, wie Sie den Kunden eine *individualisierte oder kundengerechte Erfahrung* anbieten können, was von Jahr zu Jahr im Wirtschaftsleben wichtiger wird. Was, wenn er oder sie ein Hühnchensandwich mit *zwei* Tomatenscheiben, einer *halben* Gewürzgurke und nur *sehr wenig* Senf haben möchte? Werden Sie dann die Person zwingen, die Standardversion zu akzeptieren oder richten Sie sich nach den persönlichen Vorlieben des Kunden? Und wie werden Sie das zeitnah hinbekommen, ohne ein Chaos in der Küche zu verursachen?
6. Zudem: Wie wollen Sie Ihren Mitarbeitern ein *Gefühl der Zugehörigkeit* vermitteln, das Gefühl, ein Teil des Ganzen zu sein? Wie wollen Sie sie mitreißen, statt einfach zu befehlen? Ohne dies wird Ihr wohldurchdachtes System eine offene Flanke für Pflichtversäumnisse, wenn nicht gar Sabotage bieten.

7. Planen Sie, wie Sie konkret messen können, was Sie erreichen wollen. Wie wollen Sie erfahren, ob Ihre Kunden zufrieden sind? Wie werden Sie erfahren, ob Ihre Mitarbeiter ihre Aufgaben erfüllen? Welche Maßstäbe wollen Sie im Blick haben und im Blick behalten?
8. Abschließend eine Frage an Sie persönlich: *Sind Sie durch und durch bereit, dies umzusetzen*? Sind Sie bereit, verantwortungsvoll das Steuer zu übernehmen? Werden Sie fokussiert bleiben und Ablenkungen links liegen lassen? Werden Sie über Ausreden und »Erklärungen« hinauswachsen? Führung bedeutet, ein Ziel vor Augen zu haben, nicht einfach nur im Kreis zu laufen. Führen bedeutet, mit Feuereifer die Vision einer Zukunft zu verfolgen und die gesamte Organisation ihr entgegenzuführen.

Noch eine Sache

All das geschieht nicht in einem Vakuum. Andere Unternehmensführer in Ihrer Branche sehen sich mit denselben Herausforderungen konfrontiert, mit dem Ziel, ihre Vision zu verwirklichen. Sie haben schwere Konkurrenz, egal ob Sie darüber nachdenken wollen oder nicht.

Das bringt mich dazu, eine weitere Ergänzung zu dem Buchtitel hinzuzufügen, den wir am Anfang des Kapitels erwähnt haben: Tu *mit Exzellenz*, was der Kunde liebt, dann wird das Geld folgen.

Wir müssen uns von allen anderen unterscheiden, und der Unterschied liegt darin, in allem ein bisschen besser zu sein, ein bisschen zufriedenstellender. *Wir erledigen alle Dinge mit Exzellenz.* Das Marktsegment ist dabei nicht entscheidend. Ein Mercedes muss genauso exzellent sein wie ein Ford. Wenn ich einen einfachen Schuhladen führe, möchte ich darin eine Atmosphäre schaffen, dass Leute, die den Laden besuchen – auch wenn sie nichts kaufen – wiederkommen, wenn sie Schuhe kaufen wollen.

Als meine Kollegen und ich das Ritz-Carlton konzipierten, sagten wir: »Wir wollen den besten Hotelkonzern der Welt aufbauen. Gegen wen treten wir an? Wer ist global führend?« Die Antwort auf diese Fragen lautete damals: Hyatt, Hilton International und Intercontinental. Wie konnten wir da je erfolgreich sein?

Wir zogen aus, um alles ein bisschen besser als diese drei zu machen. Wir wollten ein bisschen sauberer, ein bisschen freundlicher und jedes Mal ein bisschen besser informiert sein, wenn wir mit Gästen sprachen.

Der *Beste* in jedem Bereich zu sein, ist tatsächlich nicht dasselbe, wie *exzellent* zu sein. Sie können besser als alle Ihre Konkurrenten sein und trotzdem von Exzellenz weit entfernt sein. Was, wenn ein neuer Mitbewerber auftaucht, der Sie übertrifft? Auf lange Sicht ist es die Exzellenz, die Ihre Zukunft absichert.

Vor vielen Jahrhunderten sagte ein weiser Mensch: »Alles, was deine Hand, solange du Kraft hast, zu tun vorfindet, das tu!«[2] Ich beobachtete diese Haltung bei jenem ersten Maître d' in Deutschland, als ich ein Teenager war. Er strahlte in jeder Hinsicht Exzellenz aus. Das wies mir die Richtung in meinem Arbeitsleben.

Ich habe einmal einen Brief von einem Geschäftsmann erhalten, der auf dem Rückweg zum Airport von Denver nach einer Konferenz in den Bergen von Colorado in dichten Verkehr aufgrund eines immer heftiger werdenden Schneesturms geriet. Der Verkehr auf der Interstate kroch nur noch, und ihm wurde klar, dass er seinen Flug nach Hause nicht mehr rechtzeitig erreichen würde – der letzte Flug an diesem Tag.

Er begann, die Hotels abzutelefonieren, um ein Zimmer für die Nacht zu buchen. Dies taten gleichzeitig Hunderte weiterer Reisender, und der Mann konnte kein freies Zimmer finden. Was sollte er tun – auf einer Bank im Flughafen schlafen?

Verzweifelt rief er den Concierge des Ritz-Carlton in Aspen an, einem Ski-Ressort mehr als 300 Kilometer hinter ihm in den Bergen. »Können Sie mir helfen?«, flehte er. »Ich sitze für eine Nacht in Denver wegen des Schnees fest.« Der interessanteste Aspekt dieser Story ist, dass der Geschäftsmann nie zuvor in diesem Ritz-Carlton abgestiegen war; seine Konferenz hatte bei einem anderen Anbieter stattgefunden. Aber offenbar vermutete er, dass dieser Concierge vielleicht, hoffentlich, bereit wäre, ihm zu helfen.

»Natürlich«, erwiderte unser Mann. »Lassen Sie mich sehen, was ich tun kann.« Innerhalb von Minuten gelang ihm etwas nahezu Magisches: Er fand eine Unterkunft für den Reisenden für diese Nacht – nicht in einem Ritz-Carlton, aber in einem anderen Hotel in der Nähe des Airports.

In seinem Dankesbrief schrieb der Geschäftsmann: »Ich dachte, wenn irgendjemand das Richtige für mich tun

Wir müssen uns
von allen anderen **unterscheiden,**

und der Unterschied liegt darin,
in allem ein bisschen besser zu sein.

Wir erledigen alle Dinge mit
EXZELLENZ.

kann, dann das Ritz-Carlton. Sie werden mir helfen.« Das ist es, was über reine Pflichterfüllung hinausgeht – und in jene Gefilde führt, in denen der Service mit Exzellenz geleistet wird.

Daniel Webster (1782–1852) war vielleicht der kraftvollste Redner der US-amerikanischen Politiker in der ersten Hälfte des 19. Jahrhunderts. Er war Mitglied des Repräsentantenhauses und später des US-Senats, zudem war er zweimal Außenminister der Vereinigten Staaten. Als junger Mann, so erzählte er, hatte entschieden, dass er gern Anwalt werden würde, aber die Menschen in seiner Umgebung entmutigten ihn. »Es gibt so viele Anwälte«, sagten sie. »Der Berufsstand ist überfüllt. Du solltest lieber einen anderen Beruf wählen.«

Mit einem Kopfschütteln erwiderte er diesen denkwürdigen Satz: »An der Spitze ist immer Platz.«[3]

Es ist der Ansporn, der Beste zu sein, messbar besser als die Konkurrenz, der persönliche Erfüllung und finanziellen Lohn einbringt. Wenn wir ausziehen, um in unserem Feld exzellent zu werden, und uns weigern, uns mit weniger zufriedenzugeben, auch wenn über Jahre die Wirtschaft instabil ist, werden wir unsere Träume verwirklichen. Dies reißt den weitverbreiteten Irrglauben der Wirtschaft die Maske herunter, um sie durch die Realität zu ersetzen. Die Vision wird wahr werden.

EPILOG

DER REST DER GESCHICHTE

Ich bin dankbar für die Möglichkeiten, die sich mir boten, Exzellenz in meinem Feld anzustreben und Damen und Herren darin auszubilden, Damen und Herren zu Diensten zu sein. Nach meinen bescheidenen Anfängen in einem kleinen deutschen Dorf war mir das Privileg vergönnt, rund um die Welt zu reisen und mit herausragenden Persönlichkeiten zusammenzuarbeiten.

Aber beinahe wäre 1992 alles vorbei gewesen.

Das Ritz-Carlton war damals äußerst erfolgreich. Wir betrieben 25 Hotels von Atlanta bis Bali und planten weitere 15 an so exotischen Plätzen wie Hawaii und Schanghai. Wir hatten gerade unseren ersten Malcolm Baldrige Award gewonnen. Im November des Vorjahres hatte mich das Magazin *Hotels* zum »Corporate Hotelier of the World« gewählt.

Ich ging zu meinem jährlichen Gesundheitscheck und war schockiert, als ich erfuhr, dass ich ein Leiomyosarkom im Dickdarm hätte, einen seltenen bösartigen Tumor, der gerade mal ein Prozent der Krebsdiagnosen ausmacht. »Wir werden ihn wegoperieren«, sagte der Chirurg, »aber er wird innerhalb eines Jahres zurückkehren. Er ist wie ein Schneesturm – er kann überall auftreten.«

An diesem Abend sah ich meine Frau Sheri an und sagte: »Das kann nicht sein.« Wir beteten miteinander: *Gott, bitte! Unsere Kinder – sie waren gerade einmal neun, fünf und anderthalb Jahre alt – würden sich nicht mehr an mich erinnern, wenn sie erwachsen wären. Ich wäre nicht mehr da, um ihnen zu helfen, um zu helfen, sie zu erziehen.*

Nicht gerade hilfreich war, dass Sheris Vater in Pittsburgh zur gleichen Zeit gegen Krebs ankämpfte. Er starb 18 Monate später.

Ich machte Termine mit verschiedenen Onkologen aus. Jeder von ihnen bestätigte nach einer Untersuchung jene erste Diagnose.

Bald schrie ich zu Gott, versuchte mit ihm zu handeln. *Ich tue alles, was du willst; lass mich nur bitte bei meiner Familie bleiben!* Es fiel mir schwer, das Vaterunser zu sagen, besonders die Zeile »Dein Wille geschehe«. *Oh Herr, bitte lass meine Heilung Teil deines Willens sein*, flehte ich.

Meine höchst erfolgreiche Karriere in der Hotelwelt verlor an Bedeutung. All der Ehrgeiz, die Strategien und Pläne, das Ego, das Geld und die Anerkennung fielen von mir ab. Sie waren nicht mehr wichtig. Wenn eine solche Erschütterung einem den Boden unter den Füßen wegreißt, ist es besser, sich an Gott zu wenden, um die Leere zu füllen. Ein Psalm aus meinem Konfirmandenunterricht in Deutschland kam mir in den Sinn: »Er beschirmt dich mit seinen Flügeln,/unter seinen Schwingen findest du Zuflucht,/Schild und Schutz ist dir seine Treue.«[4] Ich wiederholte diese Zeilen wieder und wieder.

Die Bibel sagt: Als Jesus am Palmsonntag in Jerusalem einzog, erinnerte seine Milde die Menschen an eine Prophezeiung: »Siehe, dein König kommt zu dir./Er ist friedfertig/und er reitet auf einer Eselin«.[5] So fühlte es sich für mich an. Gott ritt ruhig hinein in das Zentrum meiner Angst.

Ich besuchte damals regelmäßig eine wöchentliche Bibelstunde mit rund dreißig Männern. Vier von ihnen baten mich, vorbeikommen und für mich beten zu können. Das kollidierte mit meinem Wunsch nach Privatheit und Rückzug (wie es so typisch deutsch ist). Aber in dieser verzweifelten Situation stimmte ich zu.

Ihre Gebete an jenem Abend waren so innig, so kraftvoll, so authentisch. Nachdem die Männer gegangen waren, sagte ich zu mir: *Ich möchte so gottesfürchtig werden wie sie.*

Fürchte dich nicht

Die Operation wurde vorgenommen, und sie war erfolgreich, zumindest vorläufig. Am nachfolgenden Montag wurde ein Ganzkörperscan gemacht, um zu sehen, ob der Tumor metastasiert hätte. Ich sollte am Donnerstag die Ergebnisse erhalten. *Warum dauert es so lange?*, fragte ich mich. Ich war versucht, über die zeitnahe Befriedigung von Kundenbedürfnissen zu referieren, aber ich hielt an mich.

Am Mittwochabend lagen Sheri und ich betend auf dem Boden unseres Wohnzimmers. Ich hatte mich ihr noch nie so nah gefühlt. Wir beteten darum, dass ich von all dem genas. Wir beteten für unsere Töchter; während die beiden jüngeren nicht so ganz verstanden, was los war, war unserer Neunjährigen bewusst, dass etwas mit ihrem Vater nicht stimmte.

Uns war gesagt worden, dass ich alle drei Monate auf neue Sarkome getestet werden würde. Wir hofften gegen jede Hoffnung, dass diese Check-ups keine neuen schlechten Nachrichten bringen würden.

Während wir noch beteten, klopfte unser Freund John Watson an die Tür. Wir baten ihn, einzutreten. Er sagte: »Ich möchte euch mitteilen, was mir vor deiner Operation passiert ist. Ich wachte mitten in der Nacht auf, und ich wusste, es war noch jemand im Raum. Und dann sagte dieser ›Jemand‹ zu mir: ›Sorge dich nicht um deinen Freund Horst. Ich habe Pläne für ihn. Er wird sogar für mich sprechen, nicht nur auf Englisch, sondern auch auf Deutsch‹.«

Unsere Angst schmolz in diesem Moment dahin. Am nächsten Tag ging ich erwartungsvoll zum Arzt, um die Ergebnisse zu erfahren. »Sie sind für den Moment vollkommen frei von Krebs«, sagte dieser. »Kommen Sie in drei Monaten wieder, und dann sehen wir, wie es sich entwickelt.«

Der Zeit anvertraut

Während Sie dieses Buch lesen, ist mein Körper immer noch nicht dem Krebs erlegen. Meine Testergebnisse blieben negativ. Meine Arbeit für Ritz-Carlton und später für Capella nahm wieder ein munteres Tempo auf.

Obwohl mir eine Chemotherapie empfohlen worden war, lehnte ich dies ab. Stattdessen lebte ich für die nächsten zwei Jahre makrobiotisch, um körperlich stabil zu bleiben.

Die Jahre vergingen, eins nach dem anderen. Ich hielt im wachsenden Maße Vorträge vor Wirtschaftsleuten, an Universitäten und in Kirchen, nicht nur in den USA, sondern auch in meinem Heimatland Deutschland. November 2015 sprach ich an der John Hopkins University in Baltimore. Beim Dinner fand ich mich in der Gesellschaft von mehreren Onkologen wieder. Dabei erwähnte ich, dass ich Krebs überlebt hätte.

»Welchen Krebs?«, wollten sie wissen. Ich nannte die Tumorart und erzählte ein bisschen vom Fall.

»Horst, Sie hatten nicht *diesen Typ* Krebs«, erklärte einer der Männer rundheraus. »Ansonsten würden Sie nicht hier sitzen. Sie wären längst verschieden.«

»Wissen Sie«, hielt ich dagegen, »ich war bei den besten Experten des Landes. Sie waren alle derselben Meinung.«

»Nun, die Analysemethoden waren vor mehr als zwanzig Jahren noch nicht so hochentwickelt wie heute«, erhielt ich als Erwiderung. »Sie haben nicht diesen Typ Krebs gehabt, das können wir Ihnen versichern.« Sie fragten, wo ich behandelt worden war.

»Im Piedmont Hospital in Atlanta«, sagte ich.

»Das ist ein gutes Krankenhaus«, erwiderte einer der Männer. »Vielleicht haben die noch Ihre Unterlagen. Ich würde die gern sehen.«

Als ich nach Hause kam, rief ich den CEO des Krankenhauses an, mit dem ich bekannt war. Er versprach, im Archiv danach suchen zu lassen. Und tatsächlich wurde meine Akte gefunden und nach Baltimore geschickt.

Zwei Wochen später erhielt ich einen Anruf von dem skeptischen Onkologen. »Wenn Sie das nächste Mal in der Gegend sind, möchte ich Sie gern treffen«, sagte er. »Ich habe noch nie jemanden gesehen, der diesen Krebs überlebt hat.«

Ich kann nur sagen, dass Gott die verzweifelten Gebete eines Mannes, seiner Ehefrau und seiner Freunde erhört hat. Wir sagten zu ihm: *Bitte sei da!* Und er war es.

Nach all diesen Jahren treffe ich mich immer noch mit jenen Männern, die für mich Fürsprache gehalten haben.

Zweimal pro Woche gehe ich zu einer Gruppe, die vom Bibelgelehrten Ken Boa geleitet wird. Sonntags erfährt unsere Familie unschätzbare Stärke und Erkenntnis durch den Gottesdienst in der Apostelkirche. Rund vier Mal im Jahr öffnen wir unser Zuhause für ganztägige Seminare zu spirituellen Themen, zu denen bis zu fünfzig Leute pro Treffen kommen.

Auch im Wirtschaftsleben beruht mein Handeln auf Gottes Wahrheit. Ganz gleich ob ich mit Mitarbeitern, Kunden, Investoren oder sogar Konkurrenten zu tun habe, ich bin mir stets bewusst, dass mein Gegenüber einer von jenen ist, an die Jesus dachte, als er uns jene Goldene Regel gab, andere Menschen so zu behandeln, wie wir von ihnen behandelt werden möchten.[6]

Wenn es zu Streitereien über Vertragsinhalte kommt, bei denen Anwälte hin und her debattieren, höre ich die vertrauten Worte aus dem Neuen Testament: »Sorgt euch um nichts, sondern bringt in jeder Lage betend und flehend eure Bitten mit Dank vor Gott! Und der Friede Gottes, der alles Verstehen übersteigt, wird eure Herzen und eure Gedanken in der Gemeinschaft mit Christus Jesus bewahren.«[7] Mehr als einmal habe ich das Hemmnis dahinschmelzen sehen, während ich mein Bestes getan habe und darauf vertraute, dass Gott den Rest erledigen wird.

Im Nachhinein denke ich, ich war so etwas wie ein »Sonntagschrist« bis zum Ausbruch meines Krebses. Zu diesem Zeitpunkt verloren all meine Geschäftserfolge an Bedeutung. Sie spielten keine Rolle mehr; sie beschützten mich nicht mehr vor meinem gellenden Bedürfnis nach Hoffnung. Und Hoffnung konnte an diesem Punkt nur in

Christus gefunden werden. Deshalb war meine Entscheidung für Christus (für die Hoffnung) eine innige und stetige. Um die Wahrheit zu sagen: Heute bin ich dankbar für den Krebs – wie ich ebenso dankbar bin, ihn überlebt zu haben.

Und nun kennen Sie auch den Rest meiner Geschichte.

DANKSAGUNG

Es ist nur angemessen, Worte des Dankes zu finden für all jene, die mein Leben, meine Arbeit, mein Denken und meinen Berufsweg beeinflusst haben, was sich im Gegenzug in diesem Buch niederschlägt.

Jedem Einzelnen zu danken, würde das Buch zur Hälfte füllen. Ganz gewiss hätte nichts von all dem getan werden können ohne die Unterstützung einer liebenden Ehefrau – danke, Sheri! Und ohne die Liebe meiner Kinder. Danke, Yvonne, Alexis, Brook und Ariel! Ihr habt so viel gegeben. Ihr seid alle etwas ganz Besonderes!

Einen Dank an alle, die für mich und meine Karriere bedeutsam waren. Danke, Karl Zeitler – mein erster Maître d' –, danke, Colgate Holmes, Otto Kaiser und Pat Foley.

Einen Dank an alle, die schon früh beteiligt waren am Aufbau des Ritz-Carlton. Ohne euch wäre das nicht möglich gewesen! Deshalb danke, Ed Staros, Joe Freni und Sigi Brauer. Einen Dank auch an all die Portiers, Kellnerinnen, Gepäckträger, Hausdamen, Köche, Hilfskräfte und und und.

Ich liebe euch alle.

ANMERKUNGEN

Alle Websites wurden zuletzt aufgerufen am 7. Oktober 2019.

Kapitel 1: Wissen, was Ihre Kunden wollen

1. Michael Geheren, »Airline Goes ›Above and Beyond‹ to Help Mother Whose Son Went into Coma«, *WGN*, 27. Mai 2015, http://wgntv.com/2015/ 05/27/airline-goes-above-and-beyond-to-help-mother-whose-son-went-into-coma/ [In Europa leider nicht verfügbar; Anm. d. Übers.].

Kapitel 2: Kundenservice ist die Aufgabe eines jeden Einzelnen

1. Stephen Covey berichtet von diesem Vorfall in seinem Buch *The 7 Habits of Highly Effective People*, New York: Simon & Schuster 1989, S. 140–142, in der deutschen Übersetzung (*Die 7 Wege zur Effektivität: Prinzipien für persönlichen und beruflichen Erfolg*, Offenbach: GABAL 2018, 51. Aufl.) fehlt diese Begegnung.

2. »Die Regel des heiligen Benedikt«, http://www.stift-stlambrecht.at/data/documents/5/de/Benediktsregel_deutsch.pdf, S. 33 f.
3. Ebenda, S. 34.
4. Vgl. »Baldrige Performance Excellence Program«, National Institute of Standards and Technology, https://www.nist.gov/baldrige/about-baldrige-excellence-framework-education/.

Kapitel 5: Drei Arten von Kunden (und drei Wege, sie zu vergraulen)

1. Wharton School der University of Pennsylvania, »Wells Fargo: What Will It Take to Clean Up the Mess«, Knowledge@Wharton, 8. August 2017, https://knowledge.wharton.upenn.edu/article/wells-fargo-scandals-will-take-clean-mess/.
2. »Forsake All Others: Mobile Technology Is Revamping Loyalty Schemes«, *The Economist*, 9. September 2017, 64, https://www.economist.com/business/2017/09/07/mobile-technology-is-revamping-loyalty-schemes/.

Kapitel 6: Mehr als ein Paar Hände

1. Zitiert nach Bob Clinkert, »What Henry Ford Really Thinks of You«, *Unleash the Masterpiece*, 25. Oktober 2013, http://blog.unleashthemasterpiece.com/?p=543/.
2. Henry Ford, *My Life and Work*, Garden City, NY: Doubleday, 1922, S. 72.
3. Vgl. Frederick Winslow Taylor, *The Principles of Scientific Management*, New York: Harper, 1911.
4. Lutherbibel, Lev 19,18 (Einheitsübersetzung).

5. Vgl. Lutherbibel, Mk 12,31.
6. Jim Collins, »Good to Great« *Fast Company*, Oktober 2001, https://www.jimcollins.com/article_topics/articles/good-to-great.html/.

Kapitel 7: First Things First

1. Vgl. Andrew Cave, »Culture Eats Strategy for Breakfast. So What's for Lunch?«, *Forbes*, 9. November 2017, https://www.forbes.com/sites/andrewcave/2017/11/09/culture-eats-strategy-for-breakfast-so-whats-for-lunch/#4e8774ae7e0f/.

Kapitel 8: Warum Wiederholungen etwas Gutes sind

1. Stephen Covey, *Die 7 Wege zur Effektivität. Prinzipien für persönlichen und beruflichen Erfolg*, Offenbach: GABAL 2018, 51. Aufl., S. 177–181.

Kapitel 9: Manager treiben an, Führungskräfte beflügeln

1. James A. Autry, *Love and Profit: The Art of Caring Leadership*, New York: Morrow, 1992, S. 45, Hervorhebungen im Original. Das Buch gewann den renommierten Johnson, Smith & Knisley Award für den größten Einfluss auf Führungsdenken 1992.
2. Clayton M. Christensen, »How Will You Measure Your Life?«, *Harvard Business Review*, Juli/August 2010, https://hbr.org/2010/07/how-will-you-measure-your-life/.
3. Christensen, »How Will You Measure Your Life?«.
4. Autry, *Love and Profit*, S. 17.

Kapitel 10: Die Kluft zwischen Management und Arbeiterschaft überwinden

1. Aristoteles, *Nikomachische Ethik*, hrsg. von Günther Bien, Hamburg: Felix Meiner Verlag 1985, S. 6.

Kapitel 11: Führung kann man lernen

1. William Shakespeare, »Was ihr wollt«, in: *Sämtliche Werke*, hrsg. von Günther Klotz, Berlin: Aufbau Verlag 200, Bd. I: *Komödien*, S. 764.
2. Antwort auf die Google-Anfrage »Are Leaders Born or Made?«, 24. April 2005, http://answers.google.com/answers/threadview?id=513423.
3. Susan Cain, *Still. Die Kraft der Introvertierten*, München: Goldmann 2013, S. 88.
4. Chip Cutter, »The Inside Story of What It Took to Keep a Texas Store Chain Running in the Chaos of Hurricane Harvey«, LinkedIn, 2, September 2017, https://www.linkedin.com/pulse/inside-story-what-took-keep-texas-grocery-chain-running-chip-cutter/.
5. Zitiert nach Stuart Crainer und Des Dearlove, *What We Mean When We Talk about Innovatio*n, Oxford: Infinite Ideas, 2011, S. 13.

Kapitel 13: Das »Bauchgefühl« der Führungskraft ist nicht ausreichend

1. »The Man with the Golden Gut: Programmer Fred Silverman Has Made ABC No. 1«, *Time*, 5. September 1977, S. 46–49.
2. Einzelheiten unter: »Baldrige Excellence Framework«, https://www.nist.gov/sites/default/files/documents/

2016/12/13/2017-2018-baldrige-framework-bnp-free-sample.pdf; siehe auch: »About the Baldrige Excellence Framework«, https://www.nist.gov/baldrige/about-baldrige-excellence-framework.

Kapitel 14: Geld und Liebe

1. Marsha Sinetar, *Do What You Love, the Money Will Follow: Discovering Your Right Livelihood*, New York: Dell, 1987.
2. Lutherbibel Pred 9,10 (Einheitsübersetzung).
3. Zitiert nach Martin Manser, *The Facts on File Dictionary of Proverbs*, New York: Infobase, 2002, S. 262.
4. Lutherbibel, Ps 91,4 (Einheitsübersetzung).
5. Lutherbibel, Mt 21,5 mit Bezug auf Sach 9,9 (Einheitsübersetzung).
6. Lutherbibel, Mt 7,12; Lk 6,31.
7. Lutherbibel, Phil 4,6–7 (Einheitsübersetzung).